事象と確率

すべてで n 個ある事象が同じ程度に起こるならば，その内の k 個が起こる確率は $\dfrac{k}{n}$ である．

(p. 37)

$P(\bar{A}) = 1 - P(A)$ 　　(p. 42)
$\overline{A \cup B} = \overline{A} \cap \overline{B},\ \overline{A \cap B} = \overline{A} \cup \overline{B}$ 　　(p. 42)

事象 A, B が排反ならば
$P(A \cup B) = P(A) + P(B)$ 　　(p. 41)

事象 A, B が排反でないならば
$P(A \cup B) = P(A) + P(B) - P(A \cap B)$ 　　(p. 41)

事象 A, B が独立ならば
$P(A \cap B) = P(A) P(B)$ 　　(p. 43)

事象 A, B が従属（独立でない）ならば
$P(A \cap B) = P(A) P(B|A) = P(B) P(A|B)$ 　　(p. 45)

確率変数

$E(x) = x_1 P(x_1) + x_2 P(x_2) + \cdots + x_n P(x_n)$ 　　(p. 49)
$V(x) = E(x^2) - E(x)^2 = x_1^2 P(x_1) + x_2^2 P(x_2) + \cdots + x_n^2 P(x_n) - E(x)^2$ 　　(p. 51)
$D(x) = \sqrt{V(x)}$ 　　(p. 51)
$E(ax + by + c) = aE(x) + bE(y) + c$ 　　(p. 50)
$V(ax + b) = a^2 V(x)$ 　　(p. 52)

確率変数 x, y が独立ならば
$E(xy) = E(x) E(y)$ 　　(p. 50)
$V(x + y) = V(x) + V(y)$ 　　(p. 52)

2 項分布 (p. 54, 55, 58)

次数 n，確率 p の 2 項分布 $B(n, p)$ では
$P(x) = {}_n C_x\, p^x (1-p)^{n-x}$
$E(x) = np$
$V(x) = np(1-p)$

計算力が身に付く 統計基礎

佐野公朗 著

学術図書出版社

まえがき

　本書は確率と統計の基礎から簡単な応用までをできるだけわかり易く書いた初学者用の教科書です．

　ここでは理論的な厳密さよりも計算技術とその応用について習得することを主な目的としています．そのために新しい概念を導入するときはなるべく具体例を付けて，理解を助けるように努めました．また，例題と問題を対応させて，実例を通じて計算の方法が身に付けられるように工夫しました．予備知識としてはおよそ中学卒業程度を想定していますが，中学で習う内容も一部解説してあります．この本を読み終えたら，拙著『計算力が身に付く 確率・統計』へ進んでください．

　このような説明のやり方を採用したのは，もはや従来の方法が学生にとって苦痛そのものでしかないからです．これまでの「定義・定理・証明」式の説明を理解するにはかなりの計算力と論理力そして記号に対する熟練が必要です．しかもこれらの能力を鍛えるために費やされる，時間や労力や犠牲は多大なものがあります．本書ではこのような負担をできるだけ軽くして，わかり易い解説を目指すように心掛けました．

　本書で学習される方は，まず説明を読みそれから例題に進み，それを終えたら対応する問を解いて下さい．もしも解答の方法がわからないときは，例題に戻りもう一度そこにある計算のやり方を見直して下さい．このようにして一通り問を解き終えてまだ余裕のある方は，練習問題に挑戦してください．各節の問題の解答は各節末に記載してあります．

　本書の内容を説明します．§1では統計の準備として分布と度数分布表などについて書いてあります．§2，§3ではいろいろな統計量の計算法について説明してあります．§4，§5では順列と組合せについて詳しく取り上げています．§6から§8では確率について扱っています．§9では2項分布，§10では正規分布について書いてあります．§11から§13では確率と統計の応用として推定と検定や近似値と誤差などについて取り上げています．

　本書をまとめるにあたり，多くの著書を参考にさせていただいたことをここに感謝します．学術図書出版社の発田孝夫氏には，作成にあたって多大なお世話になり深く謝意を表します．また，八戸工業大学の尾﨑康弘名誉教授には様々なご助言を頂き，ここで厚く御礼を申し上げます．

2005年10月

著者

も く じ

§1 統計の意味
- 1.1 統計の役割 …………………………………………………1
- 1.2 度数分布表と柱状グラフ …………………………………2
- 1.3 いろいろな分布 ……………………………………………4
- 練習問題1 …………………………………………………………6

§2 平均と分散
- 2.1 いろいろな代表値 …………………………………………9
- 2.2 いろいろな散布度 …………………………………………11
- 2.3 平均と分散の性質 …………………………………………13
- 練習問題2 …………………………………………………………14

§3 相関と回帰
- 3.1 相関関係 ……………………………………………………16
- 3.2 共分散と相関係数 …………………………………………17
- 3.3 回帰直線 ……………………………………………………19
- 練習問題3 …………………………………………………………21

§4 順列
- 4.1 順列 …………………………………………………………23
- 4.2 同じものを含む順列 ………………………………………24
- 4.3 いろいろな順列 ……………………………………………25
- 練習問題4 …………………………………………………………27

§5 組合せ
- 5.1 組合せ ………………………………………………………29
- 5.2 重複組合せ …………………………………………………30
- 5.3 2項定理 ……………………………………………………31
- 練習問題5 …………………………………………………………33

§6 確率の意味
- 6.1 偶然と予測 …………………………………………………35
- 6.2 確率と事象 …………………………………………………35
- 6.3 事象の確率 …………………………………………………37
- 練習問題6 …………………………………………………………39

§7 確率の計算
- 7.1 和の法則 ……………………………………………………41
- 7.2 積の法則 ……………………………………………………43
- 7.3 条件つき確率 ………………………………………………44
- 練習問題7 …………………………………………………………46

§8 確率変数
- 8.1 確率変数と確率 ……………………… 48
- 8.2 確率変数の期待値 …………………… 49
- 8.3 確率変数の分散 ……………………… 50
- 練習問題 8 ……………………………… 52

§9 2項分布
- 9.1 独立な試行 …………………………… 54
- 9.2 2項分布 ……………………………… 55
- 9.3 2項分布の期待値と分散 …………… 57
- 練習問題 9 ……………………………… 59

§10 正規分布
- 10.1 連続分布と密度関数 ………………… 61
- 10.2 標準正規分布 ………………………… 63
- 10.3 一般の正規分布 ……………………… 65
- 練習問題 10 …………………………… 67

§11 標本と推定
- 11.1 母集団と標本 ………………………… 68
- 11.2 標本平均の分布 ……………………… 69
- 11.3 点推定と区間推定 …………………… 71
- 11.4 母平均の推定 ………………………… 71
- 練習問題 11 …………………………… 73

§12 仮説と検定
- 12.1 仮説の検定 …………………………… 74
- 12.2 検定の誤りと棄却域 ………………… 75
- 12.3 母平均の検定 ………………………… 76
- 練習問題 12 …………………………… 78

§13 近似値と誤差
- 13.1 近似値と誤差 ………………………… 79
- 13.2 有効数字 ……………………………… 79
- 13.3 直接測定での真の値の推定 ………… 81
- 13.4 間接測定での真の値の推定 ………… 82
- 練習問題 13 …………………………… 84

乱数表 …………………………………………… 85
正規分布表 ……………………………………… 86
索引 ……………………………………………… 88
記号索引 ………………………………………… 89

§1 統計の意味

調査や実験，観測によって得られた資料は誤差を含み，そのままでは利用できない．そこで適当に加工（統計処理）してから用いるのが普通である．ここでは統計の意味について考える．また資料を整理して分布を調べる．

1.1 統計の役割

いくつかの例を通して統計の役割を見ていく．

世の中にあるいろいろな数量は一見，不規則な変化をしているが，実は中に法則が隠れていることも多い．それらを発見するための有力な道具が**統計**である．

例1 統計の役割を見る．

(1) ある集団で身長や体重の分布，試験の点数の分布，収入の分布などを比較したり分析したりするには

   度数分布表，柱状グラフ，度数折れ線

を用いる．

(2) スポーツ選手について，野球ならば打率や勝率，相撲ならば勝敗や対戦成績，サッカーならばシュート数やゴール数など，過去の成績を表すには

   平均

を用いる．

(3) 天気予報で平年に比べてかなり高い気温，やや少ない降水量，平年並みの梅雨入りなど，過去の資料と比較して表現するには

   平均，分散，標準偏差

を用いる．

(4) 身長と体重，数学と英語の成績，年齢と血圧など互いに関連しながら増加または減少する2つ以上の数量を調べるには

   相関図，相関係数，回帰直線

を用いる．

(5) 選挙で当選を予測したり，工場で製品の品質や耐久性を調べたり，テレビ番組の視聴率を調べるなど，調査資料から全体の傾向を推測するには

   推定

を用いる．

(6) 過去の成績と比較して学力が向上したか判断したり，新薬を患者に投与して効果を分析するなど，調査資料から新しい結果が得られたか偶然の範囲内か判定するには

   検定

を用いる．

1.2 度数分布表と柱状グラフ

表やグラフなどを用いて資料を分析する．

資料の数値を大きさによっていくつかの区間（**階級**）に分ける．区間の幅を階級の幅という．そして各階級に含まれる数値の個数（**度数**）を表（**度数分布表**）やグラフ（**柱状グラフ**またはヒストグラム，折れ線グラフ）で表す．

> **例題 1.1** 資料から度数分布表を作り，柱状グラフと折れ線グラフをかけ．ただし，各階級の幅は 2 点とする．
>
> 表 1.1 A クラスと B クラスの試験結果（10 点満点）．
>
> | No. | 1 | 2 | 3 | 4 | 5 | 6 | 7 | 8 | 9 | 10 |
> |---|---|---|---|---|---|---|---|---|---|---|
> | A（点数） | 4 | 5 | 4 | 6 | 2 | 5 | 4 | 7 | 9 | 8 |
> | B（点数） | 3 | 欠 | 6 | 4 | 8 | 3 | 10 | 10 | 3 | 5 |

解 資料から各階級で人数を調べて度数分布表を作る．それから度数の柱状グラフと折れ線グラフ（**度数折れ線**）をかく．

(1) 度数分布表

表 1.2 A クラスと B クラスの点数分布．

点数（階級）	0～2	3～4	5～6	7～8	9～10	計
A（人数，度数）	1 一	3 下	3 下	2 丁	1 一	10
B（人数，度数）	0	4 正	2 丁	1 一	2 丁	9

(2) 柱状グラフ

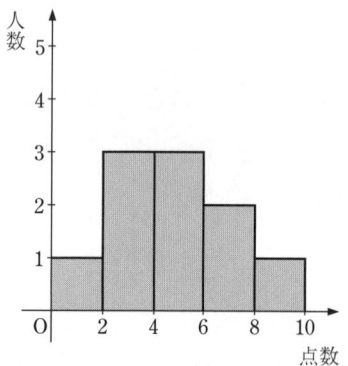 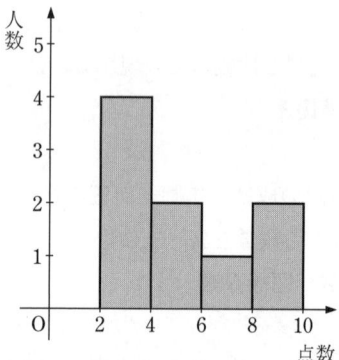

図 1.1 A クラスの点数分布． 　図 1.2 B クラスの点数分布．

(3) 折れ線グラフ

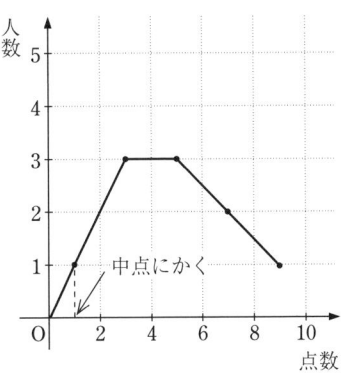

図 1.3 A クラスの点数分布.　　図 1.4 B クラスの点数分布.

[注意] 端の階級は幅を広くすることがある．例題 1.1 では 0〜2 点の階級の幅が 3 点である．

問 1.1 資料から度数分布表を作り，柱状グラフをかけ．ただし，各階級の幅は 2 点とする．

(1)
No.	1	2	3	4	5	6	7	8	9	10
点　数	7	10	7	9	6	9	10	2	8	3

(2)
No.	1	2	3	4	5	6	7	8	9	10
点　数	0	9	5	1	3	1	4	2	7	6

(3)
No.	1	2	3	4	5	6	7	8	9	10
点　数	5	3	7	6	8	7	5	10	4	6

(4)
No.	1	2	3	4	5	6	7	8	9	10
点　数	4	7	1	8	3	9	5	3	8	7

● 相対度数

集団に含まれる数値の個数が異なる場合の扱い方を考える．
度数を数値の個数で割り，**相対度数**という．

例題 1.2 例題 1.1 の資料から相対度数分布表を作り，柱状グラフと折れ線グラフをかけ．ただし，各階級の幅は 2 点とする．

解 資料から各階級で相対度数＝人数/(10 または 9) を調べて相対度数分布表を作る．それから相対度数の柱状グラフと折れ線グラフ（**相対度数折れ線**）をかく．

(1) 相対度数分布表

表 1.3 AクラスとBクラスの相対度数分布.

点数（階級）	0〜2	3〜4	5〜6	7〜8	9〜10	計
A（相対度数）	0.10	0.30	0.30	0.20	0.10	1.00
B（相対度数）	0.00	0.44	0.22	0.11	0.22	1.00

(2) 柱状グラフ

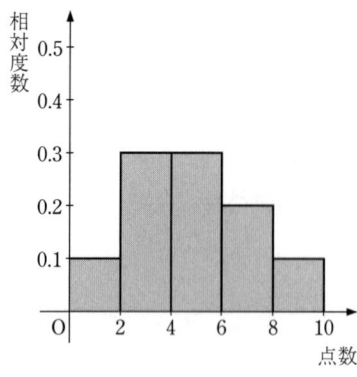
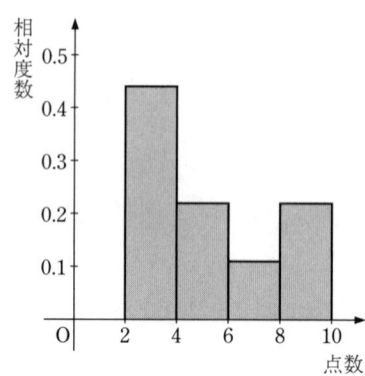

図 1.5 Aクラスの相対度数分布.　　図 1.6 Bクラスの相対度数分布.

(3) 折れ線グラフ

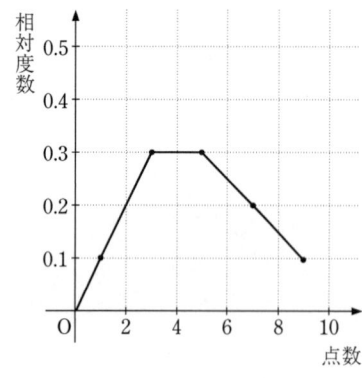
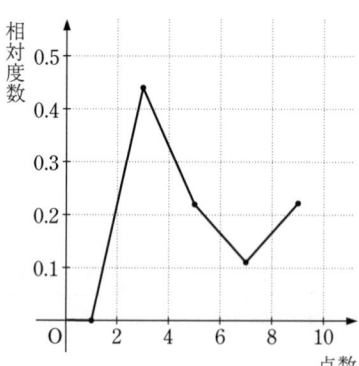

図 1.7 Aクラスの相対度数分布.　　図 1.8 Bクラスの相対度数分布.

問 1.2 問1.1の資料から相対度数分布表を作り，柱状グラフをかけ．ただし，各階級の幅は2点とする．

[注意] 比較する集団の人数が異なる場合は相対度数を用いる．これは§4の確率と等しくなる．

1.3 いろいろな分布

いくつかの代表的な分布の特徴を柱状グラフの形から見ていく．

例2 いろいろな分布を見る．

(1) 山型分布

柱状グラフが1つの山の形になる分布である．

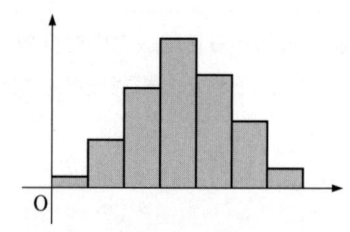

図 1.9 山型分布.

(2) L型分布

柱状グラフが右下りになる分布である．

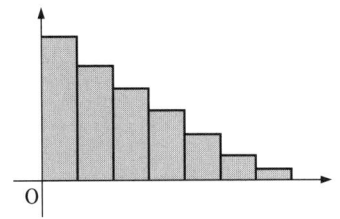

図 1.10　L型分布．

(3) J型分布

柱状グラフが右上りになる分布である．

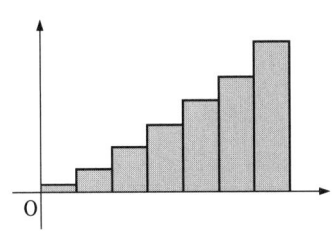

図 1.11　J型分布．

(4) 一様分布

柱状グラフがほぼ同じ高さになる分布である．サイコロを投げて出る目の回数はこの分布になる．

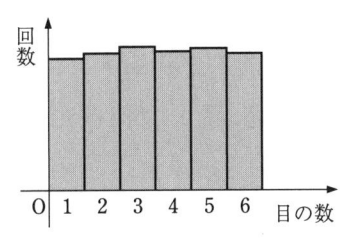

図 1.12　一様分布．

(5) 2項分布

代表的な山型分布である．たとえば，10枚の硬貨を投げて表の出る枚数はこの分布になる．

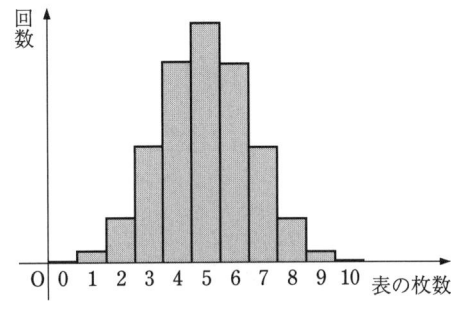

図 1.13　2項分布．

(6) 連続分布

たとえば体重のように階級の幅をいくらでも縮められる分布である．このとき横軸には実数(値)が並ぶ．

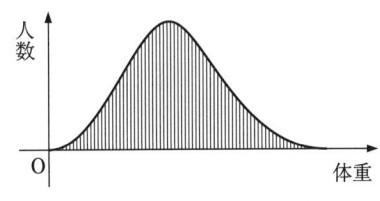

図 1.14　連続分布．

1.3　いろいろな分布 | 5

(7) 正規分布

代表的な山型連続分布である．身長や測定の誤差などはほぼ正規分布になる．

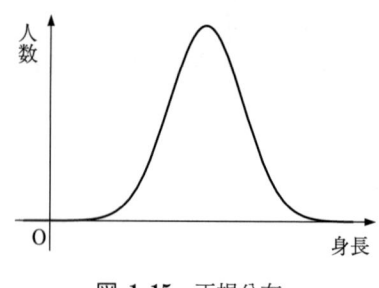

図 1.15 正規分布．

[注意] サイコロの目や硬貨の枚数などのような飛び飛びの分布を離散分布という．このとき横軸には整数（値）が並ぶ．

例題 1.3　例題 1.1 の資料から分布の型を求めよ．

[解]　柱状グラフの形から分布の型を調べる．
(1) A クラスは山型分布．
(2) B クラスは山が 2 つある分布．M 型分布．

問 1.3　問 1.1 の資料から分布の型を求めよ．

練習問題 1

1. 資料から度数分布表を作り，柱状グラフをかけ．ただし，各階級の幅は 2 点とする．

(1)

No.	1	2	3	4	5	6	7	8	9	10
点数	7	9	5	8	1	3	2	4	10	6

(2)

No.	1	2	3	4	5	6	7	8	9	10
点数	3	4	1	6	4	0	8	5	3	2

(3)

No.	1	2	3	4	5	6	7	8	9	10
点数	5	8	4	6	7	6	8	5	6	7

(4)

No.	1	2	3	4	5	6	7	8	9	10
点数	4	0	8	10	1	2	9	3	10	9

2. 問題 *1* の資料から相対度数分布表を作り，柱状グラフをかけ．ただし，各階級の幅は 2 点とする．

3. 問題 *1* の資料から分布の型を求めよ．

解答

問 1.1 (1), (2), (3), (4)

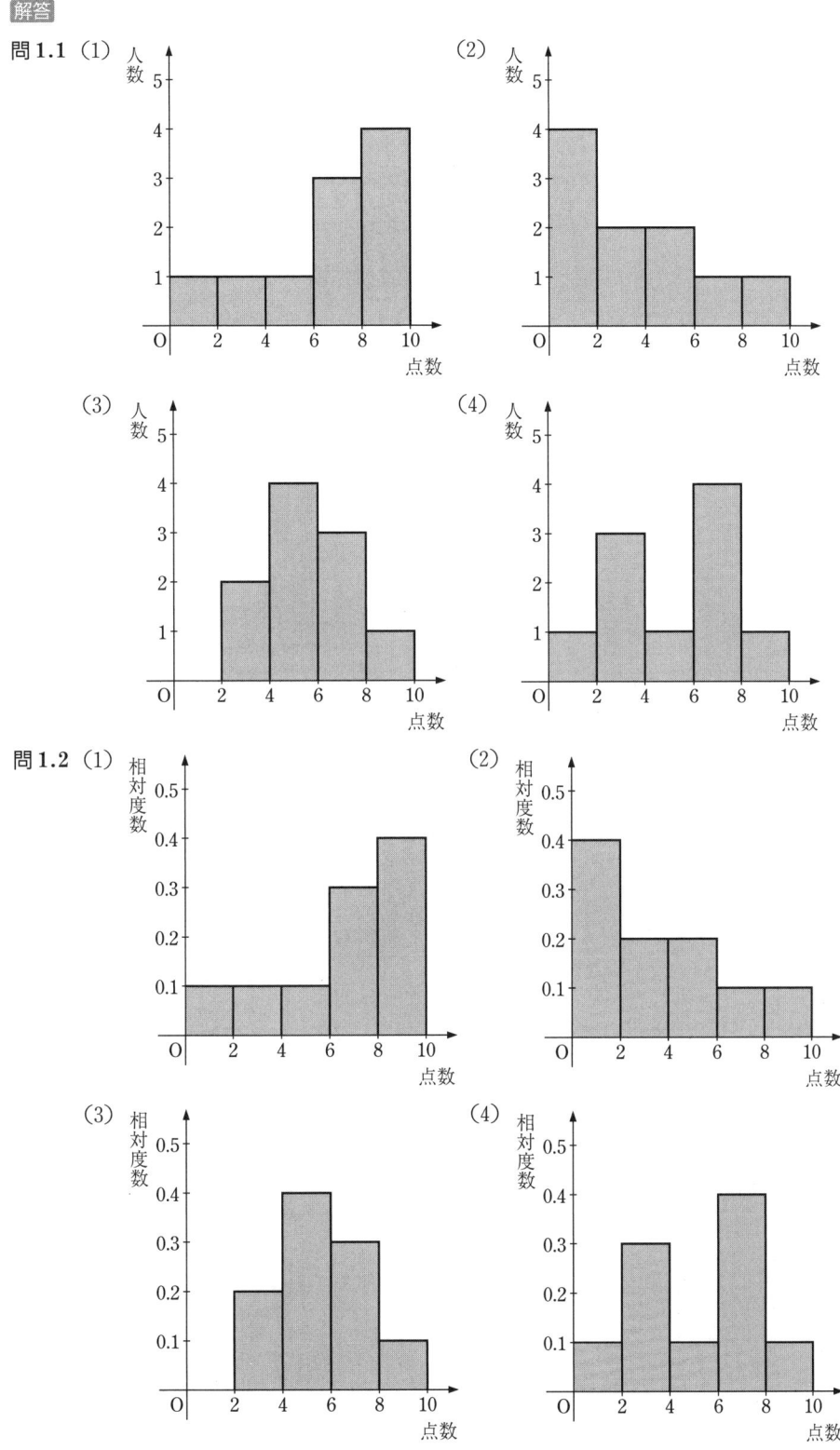

問 1.2 (1), (2), (3), (4)

問 1.3 (1) J型分布　(2) L型分布　(3) 山型分布　(4) M型分布

練習問題1

1. (1) 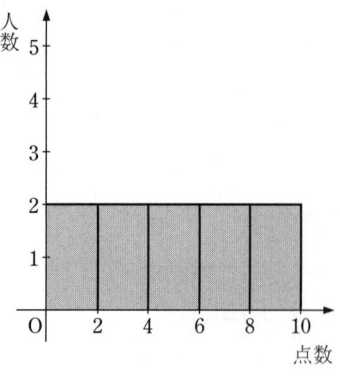 (2)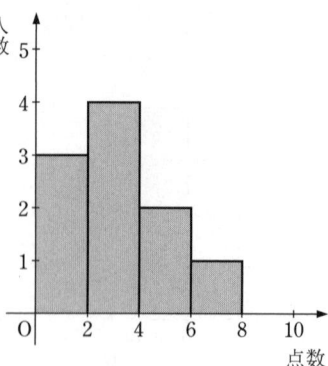

(3) 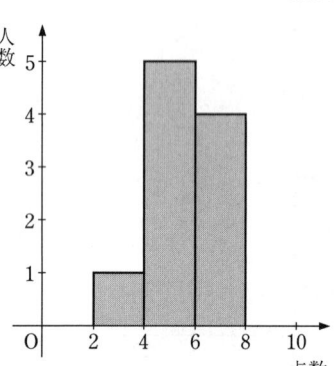 (4)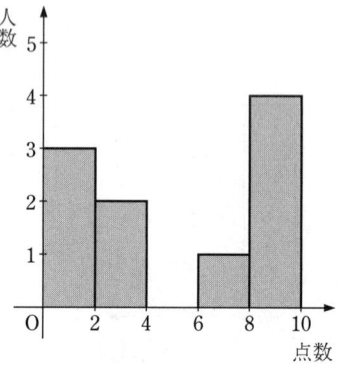

2. (1) 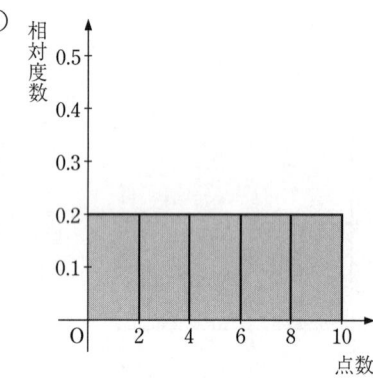 (2)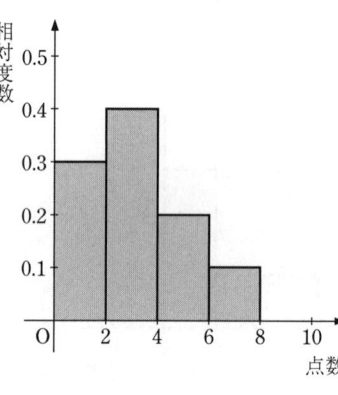

(3) 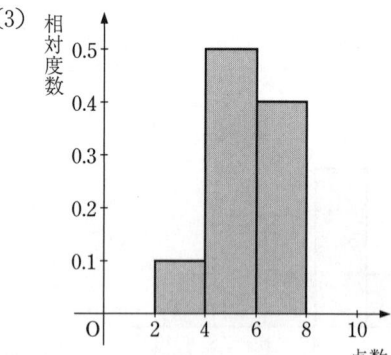 (4)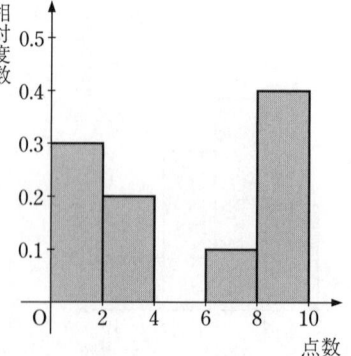

3. (1) 一様分布　(2) 山型分布　(3) 山型分布　(4) M型（V型）分布

§2 平均と分散

いろいろな分布を調べるときは，まず分布の中心と散らばり具合に注目する．ここでは分布の特徴を表す目安として平均や分散などを求める．

2.1 いろいろな代表値

分布の特徴をつかむために分布の中心を考える．

分布の中心の位置を表す数値を**代表値**という．たとえば平均，モード，中央値などがある．

● 平均

最もよく利用される代表値を取り上げる．

すべての数値 x をたし合わせてその個数で割り，**平均**という．$\bar{x}$ と書く．

> **公式 2.1 数値の平均**
> 数値 $x_1, x_2, \cdots, x_n$ の平均 $\bar{x}$ は
> $$\bar{x} = \frac{1}{n}(x_1 + x_2 + \cdots + x_n)$$

[解説] 各数値をたし合わせて個数で割ると，平均が求まる．

例題 2.1 資料から公式 2.1 を用いて数値 x, y の平均 $\bar{x}, \bar{y}$ を求めよ．

表 2.1 A クラスと B クラスの試験結果（10 点満点）．

No.	1	2	3	4	5	6	7	8	9	10
A(x)	6	4	5	7	2	3	9	8	6	5
B(y)	9	10	6	2	4	7	3	10	5	8

[解] 資料の数値をたし合わせて個数（10）で割る．

(1) A クラスの平均点
$$\bar{x} = \frac{6+4+5+7+2+3+9+8+6+5}{10} = 5.5 \text{（点）}$$

(2) B クラスの平均点
$$\bar{y} = \frac{9+10+6+2+4+7+3+10+5+8}{10} = 6.4 \text{（点）}$$

問 2.1 資料から公式 2.1 を用いて数値 $x, \cdots, w$ の平均 $\bar{x}, \cdots, \bar{w}$ を求めよ．

(1)

No.	1	2	3	4	5	6	7	8	9	10
x	7	10	7	9	6	9	10	2	8	3

(2)

No.	1	2	3	4	5	6	7	8	9	10
y	0	9	5	1	3	1	4	2	7	6

(3)

No.	1	2	3	4	5	6	7	8	9	10
z	5	3	7	6	8	7	5	10	4	6

(4)

No.	1	2	3	4	5	6	7	8	9	10
w	4	7	1	8	3	9	5	3	8	7

[注意] 平均は山型分布に向いている．しかし，少数のかけ離れた数値の影響を受け易いので，L型やJ型分布には不向きである．

● モード

数値の度数から代表値を求める．

度数分布表で度数が最大の階級の中心値（階級値）$= \dfrac{1}{2}$（上限値＋下限値）をモード（最頻値，並数）という．

> **例題 2.2** 例題 2.1 の資料から度数分布表を作り，数値 x, y のモードを求めよ．ただし，各階級の幅は 2 点とする．

[解] 資料から度数分布表を作り，度数が最大の階級値を計算する．

表 2.2 A クラスと B クラスの点数分布とモード．

点 数	0〜2	3〜4	5〜6	7〜8	9〜10	計
A（人数）	1	2	4	2	1	10
B（人数）	1	2	2	2	3	10

(1) A クラスのモード
$$\dfrac{5+6}{2} = 5.5 \,(\text{点})$$

(2) B クラスのモード
$$\dfrac{9+10}{2} = 9.5 \,(\text{点})$$

問 2.2 問 2.1 の資料から度数分布表を作り，数値 $x, \cdots, w$ のモードを求めよ．ただし，各階級の幅は 2 点とする．

[注意] モードは少数のかけ離れた数値の影響を受けないので，山型，L型，J型分布にも向いている．しかし，一様分布では山頂がはっきりしないので不向きである．

● 中央値

数値の順位から代表値を求める．

すべての数値を大きさの順序に並べて，順位が真ん中の値を**中央値**（メジアン，中位数）という．

例題 2.3 例題 2.1 の資料から数値を大小の順に並べて表を作り，数値 x, y の中央値を求めよ．

解 資料から点数の順位で表を作り，真ん中の値を計算する．

表 2.3 A クラスと B クラスの点数順位と中央値．

順 位	1	2	3	4	5	6	7	8	9	10
A（点数）	2	3	4	5	5	6	6	7	8	9
B（点数）	2	3	4	5	6	7	8	9	10	10

(1) A クラスの中央値
$$\frac{5+6}{2} = 5.5 （点）$$

(2) B クラスの中央値
$$\frac{6+7}{2} = 6.5 （点）$$

問 2.3 問 2.1 の資料から数値を大小の順に並べて表を作り，数値 $x, \cdots, w$ の中央値を求めよ．

[注意] 中央値は平均やモードに比べて適用範囲が広く，いろいろな分布に利用できる．

2.2　いろいろな散布度

分布の特徴をつかむために分布の散らばりを考える．

分布の散らばり具合を表す数値を**散布度**という．たとえばレンジ，分散，標準偏差などがある．

● レンジ

数値の分布範囲から散布度を求める．

数値の中で最大値と最小値の差を**レンジ**（範囲）という．

例題 2.4 例題 2.1 の資料から数値 x, y のレンジを求めよ．

解 資料から最大値と最小値を求めて差を計算する．
(1) A クラスのレンジ
$$9 - 2 = 7 （点）$$
(2) B クラスのレンジ
$$10 - 2 = 8 （点）$$

問 2.4 問 2.1 の資料から数値 $x, \cdots, w$ のレンジを求めよ．

[注意] レンジは少数のかけ離れた数値の影響を受け易い．

● 分散

最もよく利用される散布度を取り上げる．

各数値 x と平均 $\bar{x}$ との差の 2 乗 $(x-\bar{x})^2$ をたし合わせてその個数で割り，**分散**という．$s^2(x)$ または s^2 と書く．

> **公式 2.2 数値の分散**
> 数値 $x_1, x_2, \cdots, x_n$ の分散 $s^2(x)$ は
> $$s^2(x) = \frac{1}{n}\{(x_1-\bar{x})^2+(x_2-\bar{x})^2+\cdots+(x_n-\bar{x})^2\}$$

[解説] 各数値と平均との差の 2 乗をたし合わせて個数で割ると，分散が求まる．

[例 1] 例題 2.1 の資料から公式 2.2 を用いて分散を求める．

(1) A クラスの分散
$$s^2(x) = \frac{(6-5.5)^2+(4-5.5)^2+(5-5.5)^2+\cdots+(5-5.5)^2}{10}$$
$$= 4.25$$

(2) B クラスの分散
$$s^2(y) = \frac{(9-6.4)^2+(10-6.4)^2+(6-6.4)^2+\cdots+(8-6.4)^2}{10}$$
$$= 7.44$$

分散の求め方を整理すると次が得られる．

> **公式 2.3 分散の求め方**
> $$s^2(x) = \overline{x^2} - \bar{x}^2 = \frac{1}{n}(x_1{}^2+x_2{}^2+\cdots+x_n{}^2) - \bar{x}^2$$

[解説] 数値 x の分散を求めるときは，数値の 2 乗の平均 $\overline{x^2}$ から平均の 2 乗 $\bar{x}^2$ を引く．各数値と平均との差の 2 乗 $(x-\bar{x})^2$ よりも易しい計算になる．

> **例題 2.5** 例題 2.1 の資料から公式 2.3 を用いて数値 x, y の分散 $s^2(x)$, $s^2(y)$ を求めよ．

[解] 資料の数値の 2 乗をたし合わせて個数 (10) で割り，平均の 2 乗を引く．

(1) A クラスの分散
$$s^2(x) = \frac{6^2+4^2+5^2+7^2+2^2+3^2+9^2+8^2+6^2+5^2}{10} - 5.5^2 = 4.25$$

(2) Bクラスの分散
$$s^2(y) = \frac{9^2+10^2+6^2+2^2+4^2+7^2+3^2+10^2+5^2+8^2}{10} - 6.4^2 = 7.44$$

問 2.5 問2.1の資料から公式2.3を用いて, 数値 $x, \cdots, w$ の分散 $s^2(x)$, $\cdots, s^2(w)$ を求めよ.

● 標準偏差

分散と共によく利用される散布度を取り上げる.

分散の正の平方根 $\sqrt{s^2(x)}$ を**標準偏差**といい, $s(x)$ または s と書く.

例題 2.6 例題2.1の資料から数値 x, y の標準偏差 $s(x), s(y)$ を求めよ.

解 例題2.5の分散の平方根を計算する.
(1) Aクラスの標準偏差
$$s(x) = \sqrt{4.25} = 2.06 \,(\text{点})$$
(2) Bクラスの標準偏差
$$s(y) = \sqrt{7.44} = 2.73 \,(\text{点})$$

問 2.6 問2.1の資料から数値 $x, \cdots, w$ の標準偏差 $s(x), \cdots, s(w)$ を求めよ.

[注意] 平均 $\bar{x}$ と標準偏差 s を用いると, 数値のおおまかな分布がわかる. 図2.1で各区間に入る数値の割合を示す. これにより数値が正常値か異常値か判断できる.

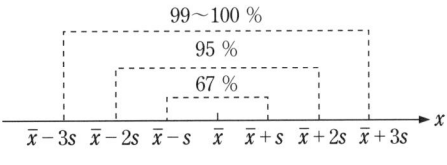

図 2.1 平均 $\bar{x}$, 標準偏差 s と数値の分布.

2.3 平均と分散の性質

数値の定数倍や和の平均と分散を考える.

公式 2.4 数値の定数倍や和の平均
$$\overline{ax+by+c} = a\bar{x} + b\bar{y} + c \quad (a, b, c \text{ は定数})$$

[解説] 定数は外に出し, 和は分けて平均を求める.

例題 2.7 例題2.1から公式2.4を用いて平均を求めよ.
(1) $\overline{x-3}$ (2) $\overline{2x+y}$

解 数値 $\bar{x}, \bar{y}$ から平均を計算する.
(1) $\overline{x-3} = \bar{x} - 3 = 5.5 - 3 = 2.5$
(2) $\overline{2x+y} = 2\bar{x} + \bar{y} = 2 \times 5.5 + 6.4 = 17.4$

問 2.7 問 2.1 から公式 2.4 を用いて平均を求めよ．
  (1) $\overline{x+y}$ (2) $\overline{2z-w}$
  (3) $\overline{3x+2z}$ (4) $\overline{y+2z+3w+4}$

公式 2.5 数値の定数倍や定数との和の分散
$$s^2(ax+b) = a^2 s^2(x) \quad (a, b \text{ は定数})$$

[解説] 係数は外に出して 2 乗し，定数項は消して分散を求める．

例題 2.8 例題 2.5 から公式 2.5 を用いて分散を求めよ．
  (1) $s^2(2x)$ (2) $s^2(y-1)$

[解] 数値 $s^2(x)$, $s^2(y)$ から分散を計算する．
(1) $s^2(2x) = 4s^2(x) = 4 \times 4.25 = 17.00$
(2) $s^2(y-1) = s^2(y) = 7.44$

問 2.8 問 2.5 から公式 2.5 を用いて分散を求めよ．
  (1) $s^2(3x)$ (2) $s^2(-2y)$
  (3) $s^2(2z+1)$ (4) $s^2(2-3w)$

練習問題 2

1. 資料から公式 2.1 を用いて数値 $x, \cdots, w$ の平均 $\bar{x}, \cdots, \bar{w}$ を求めよ．

(1)
No.	1	2	3	4	5	6	7	8	9	10
x	7	9	5	8	1	3	2	4	10	6

(2)
No.	1	2	3	4	5	6	7	8	9	10
y	3	4	1	6	4	0	8	5	3	2

(3)
No.	1	2	3	4	5	6	7	8	9	10
z	5	8	4	6	7	6	8	5	6	7

(4)
No.	1	2	3	4	5	6	7	8	9	10
w	4	0	8	10	1	2	9	3	10	9

2. 問題 **1** の資料から度数分布表を作り，数値 $x, \cdots, w$ のモードを求めよ．ただし，各階級の幅は 2 点とする．

3. 問題 **1** の資料から数値を大小の順に並べて表を作り，数値 $x, \cdots, w$ の中央値を求めよ．

4. 問題 *1* の資料から数値 $x,\cdots,w$ のレンジを求めよ．
5. 問題 *1* の資料から公式 2.3 を用いて，数値 $x,\cdots,w$ の分散 $s^2(x),\cdots,s^2(w)$ を求めよ．
6. 問題 *1* の資料から数値 $x,\cdots,w$ の標準偏差 $s(x),\cdots,s(w)$ を求めよ．
7. 問題 *1* から公式 2.4 を用いて平均を求めよ．
   (1) $\overline{z+w}$　　(2) $\overline{-x+2y}$
   (3) $\overline{2y+3w}$　　(4) $\overline{x-2y+3z-4}$
8. 問題 *5* から公式 2.5 を用いて分散を求めよ．
   (1) $s^2(4x+1)$　　(2) $s^2(2-3y)$
   (3) $s^2(-z+1)$　　(4) $s^2(-w-2)$

解答

問 2.1　(1) 7.1　　(2) 3.8　　(3) 6.1　　(4) 5.5
問 2.2　(1) 9.5　　(2) 1　　(3) 5.5　　(4) 7.5
問 2.3　(1) 7.5　　(2) 3.5　　(3) 6　　(4) 6
問 2.4　(1) 8　　(2) 9　　(3) 7　　(4) 8
問 2.5　(1) 6.89　　(2) 7.76　　(3) 3.69　　(4) 6.45
問 2.6　(1) 2.62　　(2) 2.79　　(3) 1.92　　(4) 2.54
問 2.7　(1) 10.9　　(2) 6.7　　(3) 33.5　　(4) 36.5
問 2.8　(1) 62.01　　(2) 31.04　　(3) 14.76　　(4) 58.05

練習問題 2

1. (1) 5.5　　(2) 3.6　　(3) 6.2　　(4) 5.6
2. (1) なし　　(2) 3.5　　(3) 5.5　　(4) 9.5
3. (1) 5.5　　(2) 3.5　　(3) 6　　(4) 6
4. (1) 9　　(2) 8　　(3) 4　　(4) 10
5. (1) 8.25　　(2) 5.04　　(3) 1.56　　(4) 14.24
6. (1) 2.87　　(2) 2.24　　(3) 1.25　　(4) 3.77
7. (1) 11.8　　(2) 1.7　　(3) 24.0　　(4) 12.9
8. (1) 132　　(2) 45.36　　(3) 1.56　　(4) 14.24

§3 相関と回帰

これまで資料からある1つの数量の特徴をとらえるために平均や分散などを求めた．ここでは資料からある2つの数量の関係をつかむための方法を考える．

3.1 相関関係

2つの数量の間にある関係の程度をグラフで表す．

対応する2つの数量の値を点の座標として平面上に並べる．これを**相関図（散布図）**という．

例題 3.1 資料から相関図をかけ．

表 3.1　10人の数学と英語の試験結果（10点満点）．

No.	1	2	3	4	5	6	7	8	9	10	計
数学 (x)	6	4	5	7	2	3	9	8	6	5	55
英語 (y)	9	2	4	10	3	5	10	8	6	7	64

解　資料の数値を点の座標 (x, y) として平面上に並べる．

図 3.1 より一方が増加すれば他方も増加する傾向がある．また，平均 $\bar{x} = 5.5$, $\bar{y} = 6.4$ で平面を分けると，点はほぼ右上と左下の範囲に入る．

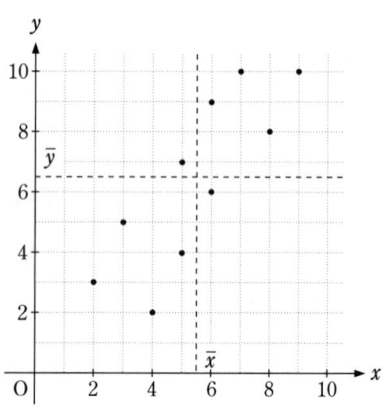

図 3.1　2科目の試験結果の相関図．

問 3.1 資料から相関図をかけ．

(1)

No.	1	2	3	4	5	6	7	8	9	10	計
x	7	10	7	9	6	9	10	2	8	3	71
y	2	2	5	1	3	4	1	9	7	6	40

(2)

No.	1	2	3	4	5	6	7	8	9	10	計
x	5	3	7	6	8	7	5	10	4	6	61
y	4	1	7	8	3	9	5	8	3	7	55

2つの数量の間に一方が増加すれば他方も増加する（正の相関），または他方は減少する（負の相関）という関係があるとき，相関があるという．相関がない場合もある．相関図をかくと次のようになる．

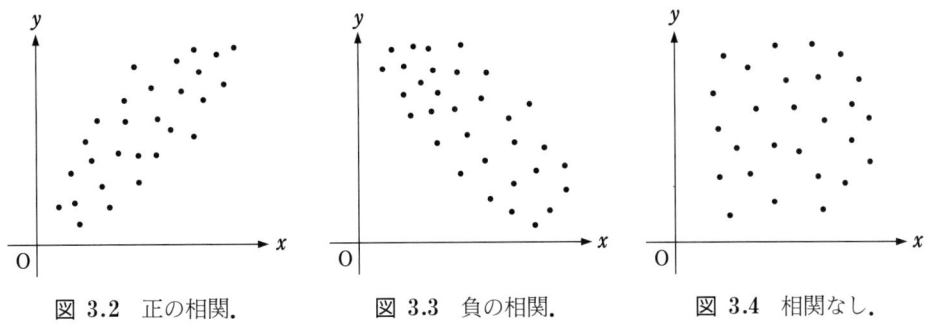

図 3.2　正の相関．　　　図 3.3　負の相関．　　　図 3.4　相関なし．

3.2　共分散と相関係数

2つの数量の間にある関係の程度を数値で表す．

対応する各数値 x, y と平均 $\bar{x}, \bar{y}$ との差の積 $(x-\bar{x})(y-\bar{y})$ をたし合わせてその個数で割り，**共分散**という．$s(x, y)$ と書く．

> **公式 3.1　数値の共分散**
>
> 数値 $(x_1, y_1), (x_2, y_2), \cdots, (x_n, y_n)$ の共分散 $s(x, y)$ は
>
> $$s(x, y) = \frac{1}{n}\{(x_1-\bar{x})(y_1-\bar{y}) + (x_2-\bar{x})(y_2-\bar{y}) + \cdots\cdots + (x_n-\bar{x})(y_n-\bar{y})\}$$

[解説]　対応する各数値と平均との差の積をたし合わせて個数で割ると，共分散が求まる．

例1　例題 3.1 の資料から共分散を求める．

$$s(x, y) = \frac{(6-5.5)(9-6.4) + (4-5.5)(2-6.4) + \cdots + (5-5.5)(7-6.4)}{10}$$

$$= 4.60$$

この式を整理すると次の式が成り立つ．

$$s(x, y) = \frac{6\times9 + 4\times2 + 5\times4 + 7\times10 + 2\times3 + 3\times5 + 9\times10 + 8\times8 + 6\times6 + 5\times7}{10} - 5.5\times6.4$$

$$= 4.60$$

共分散 $s(x, y)$ を標準偏差 $s(x)$, $s(y)$ で割り，**相関係数**という．r と書く．以上をまとめておく．

公式 3.2　共分散と相関係数の求め方

(1)　$s(x,y) = \overline{xy} - \bar{x}\bar{y} = \dfrac{1}{n}(x_1 y_1 + x_2 y_2 + \cdots\cdots + x_n y_n) - \bar{x}\bar{y}$

(2)　$r = \dfrac{s(x,y)}{s(x)s(y)}$

[解説]　(1)では2つの数値 x, y の共分散を求めるときは，数値の積の平均 $\overline{xy}$ から平均の積 $\bar{x}\bar{y}$ を引く．各数値と平均との差の積 $(x-\bar{x})(y-\bar{y})$ よりも易しい計算になる．(2)では共分散を標準偏差で割り，相関係数を求める．

例題 3.2　例題3.1の資料から公式3.2を用いて，共分散 $s(x,y)$ と相関係数 r を求めよ．

[解]　資料の数値 x, y から数値 x^2, y^2, xy を計算して表を作り，分散，共分散，相関係数を求める．

表 3.2　x, y から x^2, y^2, xy を計算する．

No.	1	2	3	4	5	6	7	8	9	10	計
x^2	36	16	25	49	4	9	81	64	36	25	345
y^2	81	4	16	100	9	25	100	64	36	49	484
xy	54	8	20	70	6	15	90	64	36	35	398

表3.1, 3.2 から $\bar{x} = 5.5$, $\bar{y} = 6.4$, $\overline{x^2} = 34.5$, $\overline{y^2} = 48.4$, $\overline{xy} = 39.8$ より

$$s^2(x) = 34.5 - 5.5^2 = 4.25$$
$$s^2(y) = 48.4 - 6.4^2 = 7.44$$
$$s(x,y) = 39.8 - 5.5 \times 6.4 = 4.60$$
$$r = \dfrac{4.60}{\sqrt{4.25}\sqrt{7.44}} = 0.818$$

問 3.2　問3.1の資料から公式3.2を用いて，共分散 $s(x,y)$ と相関係数 r を求めよ．

[注意1]　平均 $\bar{x}, \bar{y}$ で平面を4つの範囲 ①，②，③，④ に分ける．このとき共分散や相関係数の分子は各数値と平均との差の積 $(x-\bar{x})(y-\bar{y})$ の和になるので，相関図との関係は次のようになる．

(1)　正の相関（右上がり）ならば点はほぼ ① と ③ の範囲に入るので
$$(x-\bar{x})(y-\bar{y}) > 0$$
よって

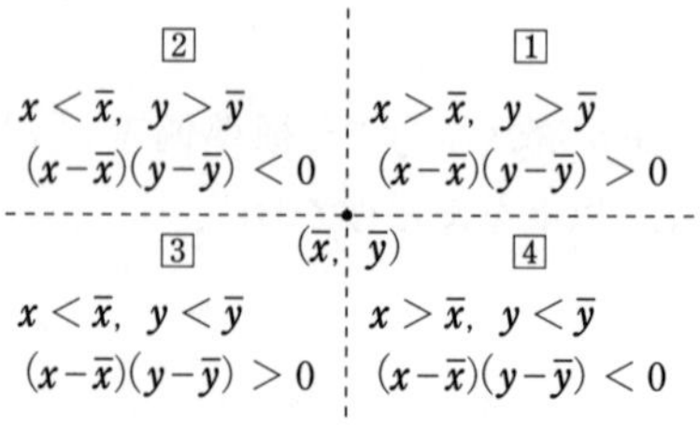

② $x < \bar{x},\ y > \bar{y}$ $(x-\bar{x})(y-\bar{y}) < 0$	① $x > \bar{x},\ y > \bar{y}$ $(x-\bar{x})(y-\bar{y}) > 0$
③ $x < \bar{x},\ y < \bar{y}$ $(x-\bar{x})(y-\bar{y}) > 0$	④ $x > \bar{x},\ y < \bar{y}$ $(x-\bar{x})(y-\bar{y}) < 0$

図 3.5　点の座標 (x,y) と $(x-\bar{x}) \times (y-\bar{y})$ の符号．

$$s(x,y) > 0, \quad r > 0$$

(2) 負の相関（右下がり）ならば点はほぼ②と④の範囲に入るので
$$(x-\bar{x})(y-\bar{y}) < 0$$
よって
$$s(x,y) < 0, \quad r < 0$$

[注意2] 相関係数 r について $-1 \leqq r \leqq 1$ が成り立つ．$r = \pm 1$ ならば直線上に点が並ぶ．

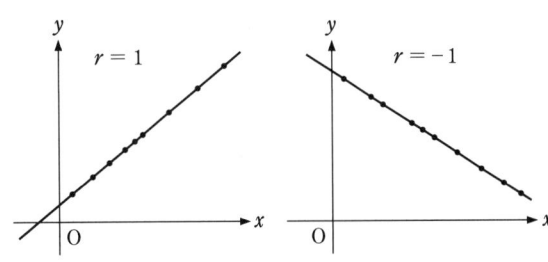

図 3.6 $r = \pm 1$ の場合の相関図．

3.3 回帰直線

2つの数量の関係を1次式で表す．

相関図に直線（回帰直線）をかくと，変数 y が変数 x の1次式 $y = a + bx$ で表せる（単回帰）．これは相関係数よりも精密な結果である．

直線を求めるには相関図の各点 P_i から直線へ y 軸に平行な線分を下ろし，交点を Q_i と書く．各線分 P_iQ_i の長さの2乗和 $f(a,b)$ は次のようになる．
$$f(a,b) = \overline{P_1Q_1}^2 + \overline{P_2Q_2}^2 + \cdots + \overline{P_nQ_n}^2$$

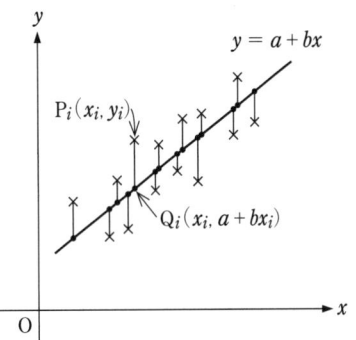

図 3.7 相関図と回帰直線の求め方．

この2乗和 $f(a,b)$ が最小になるように（最小2乗法），係数（回帰係数）a, b を決めると，次の連立1次方程式（正規方程式）が導かれる．これを解けば係数 a, b が求まる．

$$\begin{cases} na + (x_1+x_2+\cdots+x_n)b = y_1+y_2+\cdots+y_n \\ (x_1+x_2+\cdots+x_n)a + (x_1^2+x_2^2+\cdots+x_n^2)b = x_1y_1+x_2y_2+\cdots+x_ny_n \end{cases}$$

ここで和の記号を用意する．

$\sum x = x_1+x_2+\cdots$ （x の和）

$\sum y = y_1+y_2+\cdots$ （y の和）

$\sum x^2 = x_1^2+x_2^2+\cdots$ （x^2 の和）

$\sum xy = x_1y_1+x_2y_2+\cdots$ （xy の和）

回帰直線についてまとめておく．

公式 3.3 回帰係数の求め方

回帰直線（回帰方程式）$y = a + bx$ の係数 a, b は n 個の点 $(x_1, y_1), \cdots, (x_n, y_n)$ から作った正規方程式より求める．

$$\begin{cases} na + (\sum x)b = \sum y \\ (\sum x)a + (\sum x^2)b = \sum xy \end{cases}$$

を解いて
$$a = \frac{(\sum x^2)(\sum y)-(\sum x)(\sum xy)}{n(\sum x^2)-(\sum x)^2}, \quad b = \frac{n(\sum xy)-(\sum x)(\sum y)}{n(\sum x^2)-(\sum x)^2}$$

[解説] 各数値の和 $\sum x$, $\sum y$, $\sum x^2$, $\sum xy$ を計算してから，回帰係数を求める．

公式 3.4　回帰直線と相関係数

回帰直線は点 $(\bar{x}, \bar{y})$ を通る直線になる．
$$y = r\frac{s(y)}{s(x)}(x-\bar{x})+\bar{y}$$

[解説] 平均 $\bar{x}$, $\bar{y}$ や標準偏差 $s(x)$, $s(y)$ や相関係数 r を用いて，回帰直線を求める．回帰直線は平均の点 $(\bar{x}, \bar{y})$ を通り，傾きは相関係数 r と同符号になる．

例題 3.3 例題 3.1 の資料から公式 3.3 を用いて回帰直線 $y = a+bx$ を求めよ．また $x = 6$ のときの y の値を推定せよ．

[解] 資料の数値 x, y から和 $\sum x$, $\sum y$, $\sum x^2$, $\sum xy$ を計算し，回帰係数を求める．そして回帰方程式で数値 x から数値 y を計算する．

表 3.1, 3.2 から $n = 10$, $\sum x = 55$, $\sum y = 64$, $\sum x^2 = 345$, $\sum xy = 398$ より

$$a = \frac{345 \times 64 - 55 \times 398}{10 \times 345 - 55^2} = \frac{190}{425} = 0.447$$

$$b = \frac{10 \times 398 - 55 \times 64}{10 \times 345 - 55^2} = \frac{460}{425} = 1.08$$

$$y = 0.447 + 1.08x$$

数学が $x = 6$（点）ならば，英語 y はおよそ
$$y = 0.447 + 1.08 \times 6 = 6.9 \text{（点）}$$
平均点 $\bar{x} = 5.5$, $\bar{y} = 6.4$ は方程式を満たす．
$$0.447 + 1.08 \times 5.5 = 6.4$$

問 3.3 問 3.1 の資料から公式 3.3 を用いて，回帰直線 $y = a+bx$ を求めよ．また数値を推定せよ．
(1) $x = 7$ のときの y の値．
(2) $x = 5$ のときの y の値．

[注意1] 公式 3.4 を用いると，例題 3.1, 3.2 から $\bar{x} = 5.5$, $\bar{y} = 6.4$, $s^2(x) = 4.25$, $s^2(y) = 7.44$, $r = 0.818$ より，次が求まる．この方法では多少の誤差を含む．

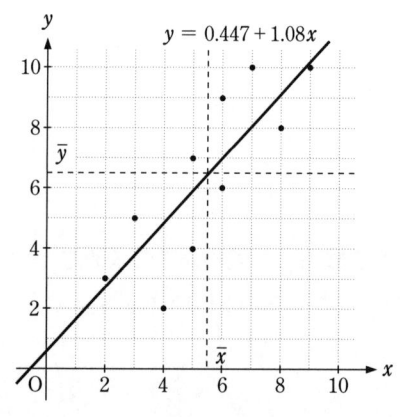

図 3.8　相関図と回帰直線．

$$y = 0.818 \times \frac{\sqrt{7.44}}{\sqrt{4.25}}(x-5.5)+6.4 = 0.447+1.08x$$

注意2 3つ以上の数量の関係を1次式で表すことを重回帰という．たとえば英語の点数 w を数学 x，理科 y，国語 z，…などで表すと，次のようになる．

$$w = a+bx+cy+dz+\cdots$$

練習問題3

1. 資料から相関図をかけ．

(1)

No.	1	2	3	4	5	6	7	8	9	10	計
x	7	9	5	8	1	3	2	4	10	6	55
y	4	5	3	6	1	1	3	4	8	2	37

(2)

No.	1	2	3	4	5	6	7	8	9	10	計
x	5	8	4	6	7	6	8	5	6	7	62
y	9	1	8	10	1	2	4	10	9	3	57

2. 問題 *1* の資料から公式3.2を用いて，共分散 $s(x,y)$ と相関係数 r を求めよ．

3. 問題 *1* の資料から公式3.3を用いて，回帰直線 $y = a+bx$ を求めよ．また数値を推定せよ．

(1) $x = 3$ のときの y の値．

(2) $x = 8$ のときの y の値．

解答

問 3.1
(1)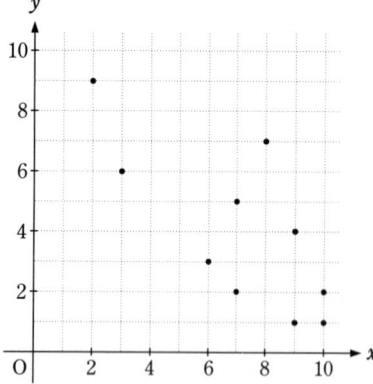
(2)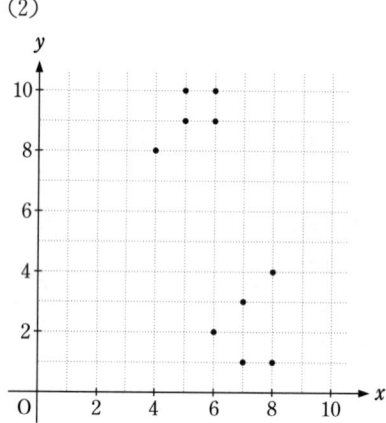

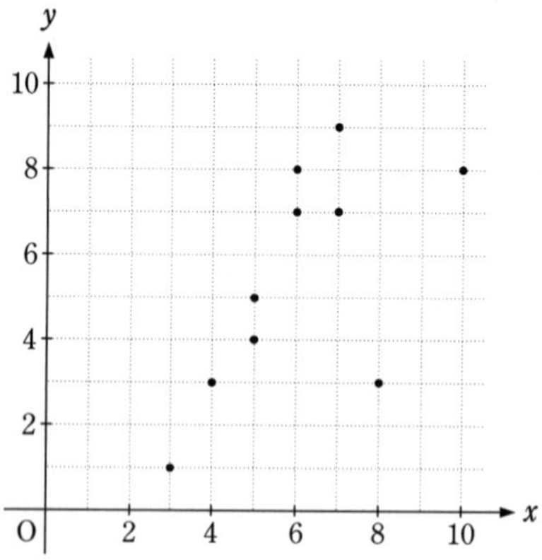

問 3.2 (1) $s(x,y) = -5.00$, $r = -0.741$
(2) $s(x,y) = 3.05$, $r = 0.625$

問 3.3 (1) $y = 9.15 - 0.726x$, $y = 4.1$
(2) $y = 0.458 + 0.827x$, $y = 4.6$

練習問題 3

1.
(1)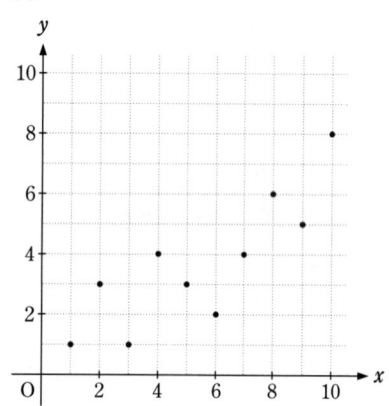
(2)

2. (1) $s(x,y) = 5.05$, $r = 0.837$ (2) $s(x,y) = -3.24$, $r = -0.714$

3. (1) $y = 0.333 + 0.612x$, $y = 2.2$
(2) $y = 18.6 - 2.08x$, $y = 2.0$

§4 順　列

確率や統計で用いる計算の手段や考え方を取り上げる．ここではいくつかのものを取り出して並べる方法を調べる．

4.1 順　列

異なるものの並べ方を考える．

いくつかのものを1列に並べる順序の種類を**順列**という．n 個の異なるものから r 個を取り出して並べる順列の個数を $_nP_r$ と書く．

例 1 順列の個数を求める．

赤，青，黄，緑の4個の玉から2個を取り出して並べる．

1個目の選び方は4通り，2個目の選び方はそれぞれ3通りある．よって
$$_4P_2 = 4 \times 3 = 12 \, (通り)$$

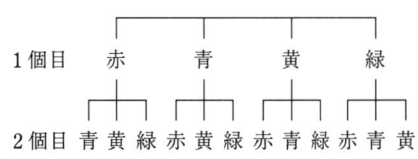

図 4.1　4個の玉から2個を取り出す順列．

ここで n の**階乗** $n!$ を次のように定める．
$$0! = 1$$
$$n! = n \times (n-1) \times \cdots \times 2 \times 1 \quad (n \geq 1)$$

例 2 階乗を計算する．

(1) $1! = 1$　　　　(2) $2! = 2 \times 1 = 2$
(3) $3! = 3 \times 2 \times 1 = 6$　　(4) $4! = 4 \times 3 \times 2 \times 1 = 24$

順列についてまとめておく．

公式 4.1　順列の個数

n 個の異なるものから r 個 ($n \geq r$) を選ぶ順列の個数は
$$_nP_r = n(n-1)\cdots(n-r+1) = \frac{n!}{(n-r)!}$$

[解説] 1個目の選び方は n 通り，2個目の選び方は $(n-1)$ 通り，…となるので，これらを掛ければ順列の個数が求まる．

例 3 順列 $_nP_r$ を計算する．

(1) $_3P_1 = 3$　　　　(2) $_3P_2 = 3 \times 2 = 6$
(3) $_3P_3 = 3 \times 2 \times 1 = 6$　　(4) $_4P_3 = 4 \times 3 \times 2 = 24$

[注意] $_nP_0 = 1$, $_nP_n = n(n-1)\cdots 1 = n!$

> **例題 4.1** 公式 4.1 を用いて順列の個数を求めよ．
> 8 人の選手から 4 人のリレー走者を選ぶ方法は何通りか．

解 8 人から 4 人を選ぶ順列を計算する．
$$_8P_4 = 8 \times 7 \times 6 \times 5 = 1680 \,(\text{通り})$$

問 4.1 公式 4.1 を用いて順列の個数を求めよ．
 (1) $1, 2, 3, 4$ の数字を書いた 4 枚のカードから作る 3 桁の整数は何通りか．
 (2) 10 人の部員から部長，副部長を 1 人ずつ選ぶ方法は何通りか．

4.2 同じものを含む順列

いくつかの同じものを含む順列の個数を考える．

例 4 同じものを含む順列の個数を求める．

2 個の赤玉，3 個の青玉を並べる．同じ色の玉を区別しない．

まず玉に赤 1，赤 2，青 1，青 2，青 3 と名前をつけて区別すると順列の個数は $_5P_5 = 5!$ 通りになる．ここで同じ色の玉は区別しないから，赤玉についてたとえば次の $_2P_2 = 2!$ 通りは区別しない．

赤1青1赤2青2青3, 赤2青1赤1青2青3

また青玉についてたとえば次の $_3P_3 = 3!$ 通りは区別しない．

赤1青1赤2青2青3, 赤1青1赤2青3青2
赤1青2赤2青1青3, 赤1青2赤2青3青1
赤1青3赤2青1青2, 赤1青3赤2青2青1

よって
$$\frac{5!}{2!\,3!} = \frac{5 \times 4 \times 3 \times 2 \times 1}{2 \times 1 \times 3 \times 2 \times 1} = 10 \,(\text{通り})$$

実際には以下の通りである．

赤赤青青青，赤青赤青青，赤青青赤青，赤青青青赤，青赤赤青青
青赤青赤青，青赤青青赤，青青赤赤青，青青赤青赤，青青青赤赤

以上をまとめると次のようになる．

> **公式 4.2 同じものを含む順列の個数**
> n 個のものの内，k 個，l 個，m 個，$\cdots$ $(n = k + l + m + \cdots)$ が同じならば，順列の個数は
> $$\frac{n!}{k!\,l!\,m! \cdots}$$

[解説] n 個のものの順列の個数 $n!$ を同じものの順列の個数 $k!$, $l!$, $m!$, $\cdots$ で割る．

[注意] このとき n 個から r 個を選ぶ順列の個数を求めるには各場合に分ける．たとえば，例 4 で 4 個の玉を選ぶときは 2 個の赤玉と 2 個の青玉，1 個の赤玉と 3 個の青玉の場合に分ける．

例題 4.2 公式 4.2 を用いて順列の個数を求めよ．
coffee という 6 文字を並べる順列は何通りか．

[解] 6 文字の中に c と o は 1 個ずつ，f と e は 2 個ずつあるので次のようになる．
$$\frac{6!}{1!\,1!\,2!\,2!} = 180\,(\text{通り})$$

問 4.2 公式 4.2 を用いて順列の個数を求めよ．
(1) success という 7 文字を並べる順列は何通りか．
(2) 9 段の階段を登るのに 1 段登りを 3 回，2 段登りを 3 回使うと登り方は何通りか．

4.3 いろいろな順列

これまでとは異なる順列の個数を考える．

● 重複順列

繰り返し選ぶことを許して並べる順列を**重複順列**という．

n 種類のものから r 個を選ぶ重複順列の個数を $_n\Pi_r$ と書く．Π は $\overset{\text{パイ}}{\pi}$ の大文字である．

例 5 重複順列の個数を求める．

スミレの 3 種類の文字から 2 文字を選んで並べる．1 文字目と 2 文字目はそれぞれ 3 通りずつ選び方があるから
$$_3\Pi_2 = 3 \times 3 = 3^2 = 9\,(\text{通り})$$

重複順列についてまとめておく．

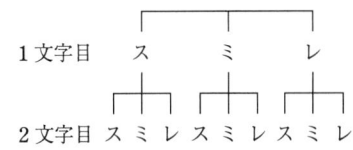

図 4.2 3 種類の文字から 2 文字を選ぶ重複順列．

公式 4.3 重複順列の個数
n 種類 ($n \geq 1$) のものから r 個を選ぶ重複順列の個数は
$$_n\Pi_r = n^r$$

[解説] 1 個目の選び方は n 通り，2 個目の選び方は n 通り，…となるので，これらを掛ければ順列の個数が求まる．

例6 重複順列 $_n\Pi_r$ を計算する．
(1) $_3\Pi_1 = 3^1 = 3$　　(2) $_4\Pi_2 = 4^2 = 16$
(3) $_2\Pi_3 = 2^3 = 8$　　(4) $_3\Pi_3 = 3^3 = 27$

> **例題 4.3** 公式 4.3 を用いて順列の個数を求めよ．
> トン「・」とツー「—」という 2 種類の記号を 6 個並べて信号を作ると，信号の種類は何通りか．

解 2 種類の記号から 6 個を選ぶ重複順列を計算する．
$$_2\Pi_6 = 2^6 = 64\,(通り)$$

問 4.3 公式 4.3 を用いて順列の個数を求めよ．
(1) 5 人でじゃんけんをするとき，グー，チョキ，パーの出し方は何通りか．
(2) 5 つの選択肢から 1 つの正解を選ぶ問題が 4 問ある．でたらめに答えると，解答の選び方は何通りか．

● 円順列

1 列ではなく，円に並べて順列を考える．
いくつかの異なるものを円に並べる順列（円順列）の個数を求める．

例7 円順列の個数を求める．

a, b, c, d の 4 人が輪になってすわる．
このときすわり方は順列と違って，たとえば，図 4.3 の 4 通りは同じとみなせる．よって

$$\frac{_4\mathrm{P}_4}{4} = \frac{4!}{4} = 3! = 6\,(通り)$$

実際には図 4.4 の通りである．

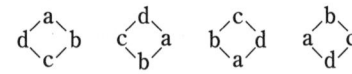

図 4.3 円に並べて，同じとみなせる場合．

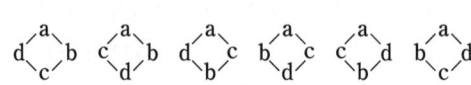

図 4.4 4 人が円に並ぶ順列．

円順列についてまとめておく．

> **公式 4.4 円順列の個数**
> n 個の異なるものの円順列の個数は
> $$\frac{_n\mathrm{P}_n}{n} = \frac{n!}{n} = (n-1)!$$

解説 n 個のものを並べる順列は $_n\mathrm{P}_n = n!$ 通りある．その中に，円順列で同じとみなせる場合がそれぞれ n 通り含まれるので，$n!$ を n で割る．

例題 4.4 公式 4.4 を用いて順列の個数を求めよ.
　赤, 青, 黄, 緑の 4 個のビーズに糸を通して輪を作るとき, 輪の種類は何通りか.

解 4 個のビーズの円順列の個数と輪を裏返せることを用いて計算する.
まず円順列と同様にして
$$(4-1)! = 3! = 6 \text{（通り）}$$
しかし輪は裏返せる（図 4.5）から種類はこの半分になる.
$$\frac{(4-1)!}{2} = \frac{6}{2} = 3 \text{（通り）}$$
実際には図 4.6 の通りである.

図 4.5 輪を裏返して, 同じとみなせる場合.

図 4.6 4 個のビーズを輪に並べる順列.

問 4.4 公式 4.4 を用いて順列の個数を求めよ.
(1) 両親と 3 人の子供が円卓に向ってすわるとき, 両親が隣り合うのは何通りか.
(2) 黒, 白, 赤, 青, 黄, 緑の 6 個のビーズに糸を通して輪を作るとき, 黒と白が隣り合うのは何通りか.

練習問題 4

1. 公式 4.1 を用いて順列の個数を求めよ.
(1) 駅の数が 20 ある鉄道で片道切符の種類は何通りか.
(2) A, B, C, D, E の 5 文字を 1 列に並べると, A と B が隣り合うのは何通りか.

2. 公式 4.2 を用いて順列の個数を求めよ.
(1) 右図のような道を A から B まで行く最短通路は何通りか.
(2) 3 個の白玉, 2 個の赤玉, 1 個の青玉から 4 個を取り出す順列は何通りか.

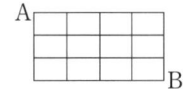

3. 公式 4.3 を用いて順列の個数を求めよ.
(1) 6 人の下級生部員が 4 人の上級生から部長を記名投票で選ぶと, 票の出方は何通りか.
(2) 2 進法では 0 と 1 を用いて数字を表す. 10 桁で何種類の数字が表せるか.

4. 公式 4.4 を用いて順列の個数を求めよ.
(1) 正四面体の各面を 4 色で塗り分けると, 塗り方は何通りか.

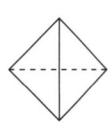

(2) 立方体の各面を6色で塗り分けると，塗り方は何通りか．

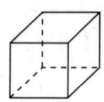

|解答|

問 4.1　(1)　24 通り　　　(2)　90 通り
問 4.2　(1)　420 通り　　(2)　20 通り
問 4.3　(1)　243 通り　　(2)　625 通り
問 4.4　(1)　12 通り　　　(2)　24 通り

練習問題 4

1. (1)　380 通り　　(2)　48 通り
2. (1)　35 通り　　　(2)　38 通り
3. (1)　4096 通り　(2)　1024 通り
4. (1)　2 通り　　　(2)　30 通り

§5 組合せ

確率や統計で用いる計算の手段や考え方を取り上げる．ここでは順序をつけずにいくつかのものを取り出す方法を調べる．

5.1 組合せ

異なるものの取り出し方を考える．

順序をつけずにいくつかのものを取り出す方法の種類を**組合せ**という．n個の異なるものからr個を取り出す組合せの個数を${}_nC_r$や$\binom{n}{r}$と書く．

例1 組合せの個数を求める．

赤，青，黄，緑の4個の玉から2個を取り出す．

まず順列と考えれば公式4.1より${}_4P_2$通りになる．しかし順序は考えないのでたとえば赤青と青赤の${}_2P_2 = 2!$通りは区別しない．よって

$$ {}_4C_2 = \frac{{}_4P_2}{2!} = \frac{4\times 3}{2\times 1} = 6\,(\text{通り}) $$

あるいは取り出す玉を○，残す玉を×と書くと表5.1になる．これより2個の○と2個の×を並べる順列なので公式4.2から

$$ {}_4C_2 = \frac{4!}{2!\,2!} = \frac{4\times 3\times 2\times 1}{2\times 1\times 2\times 1} = 6\,(\text{通り}) $$

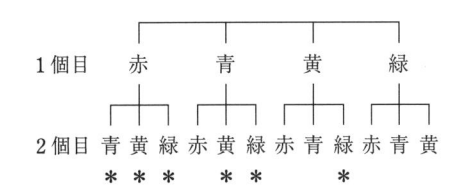

図 5.1 4個の玉から2個を取り出す順列と組合せ（＊印）．

表 5.1 4個の玉から2個を取り出す組合せ．

玉の色	赤	青	黄	緑
1	○	○	×	×
2	○	×	○	×
3	○	×	×	○
4	×	○	○	×
5	×	○	×	○
6	×	×	○	○

組合せについてまとめておく．

公式 5.1 組合せの個数

n個の異なるものからr個（$n \geq r$）を選ぶ組合せの個数は

$$ {}_nC_r = \binom{n}{r} = \frac{{}_nP_r}{r!} = \frac{n(n-1)\cdots(n-r+1)}{r!} = \frac{n!}{r!\,(n-r)!} $$

[解説] 順列の個数${}_nP_r$をr個のものの順列の個数${}_rP_r = r!$で割ると，組合せの個数が求まる．

公式 5.2 $_n\mathrm{C}_r$ の性質
$$_n\mathrm{C}_r = {_n\mathrm{C}_{n-r}}$$

[解説] n 個のものから r 個を取り出すと $(n-r)$ 個が残るので，この等式が成り立つ．r が $\frac{n}{2}$ より大きいときは $(n-r)$ に取りかえて計算する．

[例 2] 組合せ $_n\mathrm{C}_r$ を計算する．
(1) $_3\mathrm{C}_1 = 3$ (2) $_3\mathrm{C}_2 = {_3\mathrm{C}_1} = 3$
(3) $_3\mathrm{C}_3 = {_3\mathrm{C}_0} = 1$ (4) $_4\mathrm{C}_3 = {_4\mathrm{C}_1} = 4$

[注意] $_n\mathrm{C}_0 = {_n\mathrm{C}_n} = 1$

例題 5.1 公式 5.1，5.2 を用いて組合せの個数を求めよ．
8 人から 5 人を選ぶ方法は何通りか．

[解] 8 人から 5 人を選ぶ組合せを計算する．
$$_8\mathrm{C}_5 = \frac{8 \times 7 \times 6 \times 5 \times 4}{5 \times 4 \times 3 \times 2 \times 1} = 56\,(通り)$$

あるいは公式 5.2 より
$$_8\mathrm{C}_5 = {_8\mathrm{C}_3} = \frac{8 \times 7 \times 6}{3 \times 2 \times 1} = 56\,(通り)$$

問 5.1 公式 5.1，5.2 を用いて組合せの個数を求めよ．
(1) 6 人を 2 人ずつ a, b, c の 3 組に分ける方法は何通りか．
(2) 男 4 人，女 3 人の中から男女各 2 人を選ぶ方法は何通りか．

5.2 重複組合せ

くり返し選ぶことを許して取り出す組合せを**重複組合せ**という．n 種類のものから r 個を選ぶ重複組合せの個数を $_n\mathrm{H}_r$ と書く．

[例 3] 重複組合せの個数を求める．

スミレの 3 種類の文字から 2 文字を選ぶ．

選ぶ文字を○で表し，文字の間に仕切り | を入れると図 5.2 になる．これより 2 個の○と 2 個の | を並べる順列は公式 4.2 から
$$_3\mathrm{H}_2 = \frac{4!}{2!\,2!} = 6\,(通り)$$

あるいは○と | が合わせて 4 個あり，そこから 2 個を選んで○に，残りを | にする組合せになる．公式 5.1 より
$$_3\mathrm{H}_2 = {_4\mathrm{C}_2} = \frac{4 \times 3}{2 \times 1} = 6\,(通り)$$

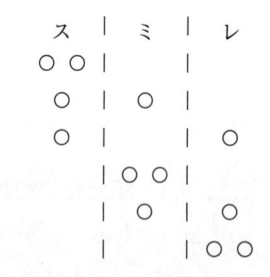

ス	ミ	レ
○○	|	|
○	|○	|
○	|	|○
|	○○	|
|	○	|○
|	|	○○

図 5.2 3 種類の文字から 2 文字を選ぶ重複組合せ．

重複組合せについてまとめておく．

公式 5.3 重複組合せの個数

n 種類 ($n \geq 1$) のものから r 個を選ぶ重複組合せの個数は
$$_n\mathrm{H}_r = {}_{n+r-1}\mathrm{C}_r = \frac{(n+r-1)!}{(n-1)!\, r!}$$

解説 仕切りの個数は選ぶものの種類よりも 1 個少ないので ($n-1$) 個になる．よって r 個のものと ($n-1$) 個の仕切りの合計 ($n+r-1$) 個から r 個を選ぶ組合せの個数を求める．

例 4 重複組合せ $_n\mathrm{H}_r$ を計算する．

(1) $_3\mathrm{H}_1 = {}_3\mathrm{C}_1 = 3$ (2) $_4\mathrm{H}_2 = {}_5\mathrm{C}_2 = 10$

(3) $_2\mathrm{H}_3 = {}_4\mathrm{C}_3 = {}_4\mathrm{C}_1 = 4$ (4) $_3\mathrm{H}_3 = {}_5\mathrm{C}_3 = {}_5\mathrm{C}_2 = 10$

例題 5.2 公式 5.3 を用いて組合せの個数を求めよ．

6 次式 $(x+y+z)^6$ を展開して現れる異なった項の個数は何通りか．

解 各項は (定数)・$x^k y^l z^m$ ($k+l+m=6$) の式になるので，3 種類の文字から重複を許して 6 個を選ぶ重複組合せを計算する．

$$_3\mathrm{H}_6 = {}_8\mathrm{C}_6 = {}_8\mathrm{C}_2 = \frac{8 \times 7}{2 \times 1} = 28 \text{（通り）}$$

問 5.2 公式 5.3 を用いて組合せの個数を求めよ．

(1) x, y, z, w の 4 文字から作られる 3 次の項は何通りか．

(2) りんご，みかん，なしから 5 個を使ってかごに盛る方法は何通りか．

5.3 2 項 定 理

組合せの別の応用を考える．

n 次式 $(a+b)^n$ を展開（2 項展開）して現れる各項の係数（2 項係数）を並べて，パスカルの三角形という．

例 5 n 次式 $(a+b)^n$ を展開する．

(1) $(a+b)^0 = 1$

(2) $(a+b)^1 = 1a + 1b$

(3) $(a+b)^2 = 1a^2 + 2ab + 1b^2$

(4) $(a+b)^3 = 1a^3 + 3a^2b + 3ab^2 + 1b^3$

(5) $(a+b)^4 = 1a^4 + 4a^3b + 6a^2b^2 + 4ab^3 + 1b^4$

各項の係数を抜き出して並べるとパスカルの三角形（図 5.3）になる．係数の間の関係は図 5.4 の通りである．

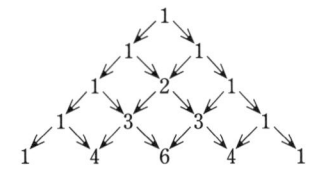

図 5.3 2 項係数とパスカルの三角形．

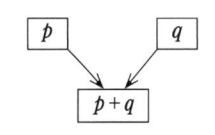

図 5.4 2 項係数の関係．

例6 n 次式 $(a+b)^n$ を展開して係数を調べる.
$$(a+b)^2 = (a+b)(a+b) = aa+ba+ab+bb$$
$$= {}_2C_2\, a^2 + {}_2C_1\, ab + {}_2C_0\, b^2 = {}_2C_0\, a^2 + {}_2C_1\, ab + {}_2C_2\, b^2$$

2個の文字から r 個の a または b を選ぶ方法は ${}_2C_r$ 通りあり,それが係数になる.
$$(a+b)^3 = (a+b)(aa+ba+ab+bb)$$
$$= aaa + \underline{baa} + \underline{aba} + \underset{\sim}{\underline{bba}} + \underline{aab} + \underline{bab} + \underset{\sim}{\underline{abb}} + bbb$$
$$= {}_3C_3\, a^3 + {}_3C_2\, \underline{a^2b} + {}_3C_1\, \underset{\sim}{\underline{ab^2}} + {}_3C_0\, b^3$$
$$= {}_3C_0\, a^3 + {}_3C_1\, \underline{a^2b} + {}_3C_2\, \underset{\sim}{\underline{ab^2}} + {}_3C_3\, b^3$$

3個の文字から r 個の a または b を選ぶ方法は ${}_3C_r$ 通りあり,それが係数になる.
$$(a+b)^4 = (a+b)(aaa+baa+aba+bba+aab+bab+abb+bbb)$$
$$= aaaa + \underline{baaa} + \underline{abaa} + \underset{\sim}{\underline{bbaa}} + \underline{aaba} + \underline{baba} + \underline{abba} + \underline{bbba}$$
$$+ \underline{aaab} + \underline{baab} + \underline{abab} + \underset{\sim}{\underline{bbab}} + \underline{aabb} + \underline{babb} + \underline{abbb} + bbbb$$
$$= {}_4C_4\, a^4 + {}_4C_3\, \underline{a^3b} + {}_4C_2\, \underset{\sim}{\underline{a^2b^2}} + {}_4C_1\, \underline{ab^3} + {}_4C_0\, b^4$$
$$= {}_4C_0\, a^4 + {}_4C_1\, \underline{a^3b} + {}_4C_2\, \underset{\sim}{\underline{a^2b^2}} + {}_4C_3\, \underline{ab^3} + {}_4C_4\, b^4$$

4個の文字から r 個の a または b を選ぶ方法は ${}_4C_r$ 通りあり,それが係数になる.

実際に ${}_nC_r$ を並べるとパスカルの三角形になる.

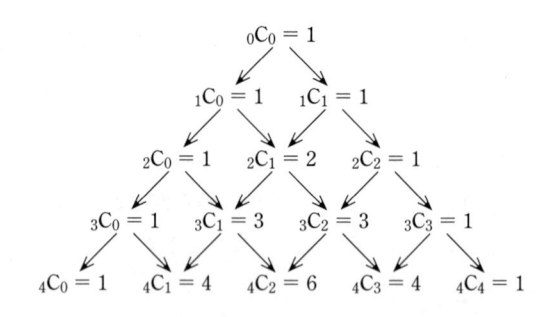

図 5.5 ${}_nC_r$ とパスカルの三角形.

● **2項係数の性質**

2項係数とその性質をまとめておく.

${}_nC_r$ や $\binom{n}{r}$ を2項係数という.パスカルの三角形から次がわかる.

公式 5.4 2項係数とパスカルの三角形

(1) ${}_nC_0 = {}_nC_n = 1$

(2) ${}_nC_r = {}_nC_{n-r}$

(3) ${}_{n-1}C_{r-1} + {}_{n-1}C_r = {}_nC_r$

図 5.6 ${}_nC_r$ の関係.

解説 (1)では a^n や b^n の係数 ${}_nC_0$ や ${}_nC_n$ が 1 になる.(2)では $a^{n-r}b^r$ の係数より ${}_nC_r$ と ${}_nC_{n-r}$ が等しくなる.(3)では図5.6より ${}_{n-1}C_{r-1}$ と ${}_{n-1}C_r$ の和が ${}_nC_r$ になる.

2項係数 $_nC_r$ を用いて2項展開する．

> **公式 5.5　2項定理**
> $$(a+b)^n = {}_nC_n\,a^n + {}_nC_{n-1}\,a^{n-1}b + {}_nC_{n-2}\,a^{n-2}b^2 + \cdots + {}_nC_{n-r}\,a^{n-r}b^r + \cdots + {}_nC_0\,b^n$$
> $$= {}_nC_0\,a^n + {}_nC_1\,a^{n-1}b + {}_nC_2\,a^{n-2}b^2 + \cdots + {}_nC_r\,a^{n-r}b^r + \cdots + {}_nC_n\,b^n$$

解説　n 次式 $(a+b)^n$ を展開して現れる各項の係数は $_nC_r$ なので，パスカルの三角形を用いずに求められる．

> **例題 5.3**　公式 5.5 を用いて解け．
> (1) n 次式 $(1+x)^n$ を展開せよ．
> (2) 展開式 $_nC_0 + {}_nC_1 + {}_nC_2 + \cdots + {}_nC_n$ を計算せよ．
> (3) 展開式 $_nC_0 - {}_nC_1 + {}_nC_2 - \cdots + (-1)^n\,{}_nC_n$ を計算せよ．

解　2項定理で a や b に数字や文字を代入する．

(1) $a=1$, $b=x$ として
$$(1+x)^n = {}_nC_0 + {}_nC_1\,x + {}_nC_2\,x^2 + \cdots + {}_nC_n\,x^n$$

(2) $a=b=1$ として
$$_nC_0 + {}_nC_1 + {}_nC_2 + \cdots + {}_nC_n = (1+1)^n = 2^n$$

(3) $a=1$, $b=-1$ として
$$_nC_0 - {}_nC_1 + {}_nC_2 - \cdots + (-1)^n\,{}_nC_n = (1-1)^n = 0$$

> **問 5.3**　公式 5.5 を用いて解け．
> (1) 6次式 $(x-y)^6$ を展開せよ．
> (2) 展開式 $_{10}C_0 + {}_{10}C_1\,2 + {}_{10}C_2\,2^2 + \cdots + {}_{10}C_{10}\,2^{10}$ を計算せよ．

練習問題 5

1. 公式 5.1, 5.2 を用いて組合せの個数を求めよ．
(1) りんごを含む 10 種類の果物から 4 種類を選ぶとき，りんごを含む選び方は何通りか．
(2) 6人のテニス部員が 2 人 1 組みで練習するとき，相手の組合せは何通りか．

2. 公式 5.3 を用いて組合せの個数を求めよ．
(1) 9 個のりんごを 3 人に分ける方法は何通りか．ただし，各人は少なくとも 1 個を得るとする．
(2) 3 個のサイコロを投げて出る目の数の組合せは何通りか．

3. 公式 5.5 を用いて解け．

(1) 9次式 $(x+2)^9$ の展開式で x^5 の係数を求めよ．

(2) $p+q=1$ のとき展開式 ${}_nC_0\, p^n + {}_nC_1\, p^{n-1}q + {}_nC_2\, p^{n-2}q^2 + \cdots + {}_nC_n\, q^n$ を計算せよ．

解答

問 5.1 (1) 90 通り　　(2) 18 通り
問 5.2 (1) 20 通り　　(2) 21 通り
問 5.3 (1) $x^6 - 6x^5y + 15x^4y^2 - 20x^3y^3 + 15x^2y^4 - 6xy^5 + y^6$　　(2) 3^{10}

練習問題 5

1. (1) 84 通り　　(2) 15 通り
2. (1) 28 通り　　(2) 56 通り
3. (1) 2016　　(2) 1

§6 確率の意味

世の中で偶然に起こる現象（天気，くじ，じゃんけんなど）の中にも実は規則が含まれている．ここではそれらを見つけるために確率を導入して意味を考える．また実際に確率を求める．

6.1 偶然と予測

偶然に起こる現象を予測する．

我々のまわりで起こる現象の中には全く偶然に起こるものがある．これらの現象に対して正確な予測を立てるのはなかなかむずかしい．

例1 偶然の現象を予測する．

(1) 100本のくじの中に3本の割合で当たりが入っている．40本引けば1本ぐらい当たるだろうか．

(2) ある野球チームの勝率は7割である．5試合に出場したら勝ち越せるだろうか．

(3) ある家庭に4人の子供がいる．その内の1人ぐらいは女子だろうか．

(4) 何人かでじゃんけんをする．人数が多いほどあいこになる割合が高いだろうか．

(5) 2つのサイコロを投げる．目の和が7になる割合が最も高いだろうか．

(6) 2枚の硬貨を投げる．表表，表裏，裏裏の場合があるので，3回に1回の割合で2枚とも表が出るだろうか．

6.2 確率と事象

偶然の現象の起こり易さや予測の確かさを数値で表す．それを用いれば，対策を立てたり，他の予測と比較することができる．

ある現象が起こる割合を**確率**という．

例2 確率を数値で表す．

(1) ある野球チームが何回も試合をして，10回に7回の割合で勝ってきたならば，勝率は7割である．勝つ確率は $\dfrac{7}{10} = 0.7$ となる．

(2) 1枚の硬貨を何回も投げて，2回に1回の割合で表が出たならば，表が出る確率は $\dfrac{1}{2} = 0.5$ となる．

(3) サイコロを何回も投げて，6回に1回の割合で1の目が出たならば，1の目が出る確率は $\dfrac{1}{6} = 0.166\cdots$ となる．

ここで良く用いる言葉として，**試行**，**事象**，確率の意味と例を表にまとめておく．

表 6.1 試行，事象，確率の意味と例．

試　行	事　象	確率 $p\,(0 \leq p \leq 1)$
結果が偶然に決まる	偶然に起こる現象	現象が起こる回数の割合
試合をする．	試合に勝つ．	$p = 7/10$
硬貨を投げる．	表が出る．	$p = 1/2$
サイコロを投げる．	1の目が出る．	$p = 1/6$

[注意1] 確率 $p = 0$ ならばその事象は決して起こらない．確率 $p = 1$ ならばその事象は必ず起こる．

[注意2] 確率が $\dfrac{1}{6}$ とはその事象が6回に1回は必ず起こるという意味ではない．何回も試行を続けると6回に1回の割合でその事象が起こるという意味である．

例題 6.1 すべての事象の表を作れ．
(1) 2枚の硬貨 a, b を投げる．
(2) a, b, c の3人がじゃんけんをする．

解 すべての事象を書き並べるかマス目を用いて表す．

(1) 表を「オ」，裏を「ウ」と書く．

表 6.2 2枚の硬貨の表裏．

a	オ	オ	ウ	ウ
b	オ	ウ	オ	ウ

または

表 6.3 2枚の硬貨の表裏．

b\a	オ	ウ
オ		
ウ		

(2) グーを「グ」，チョキを「チ」，パーを「パ」と書く．

表 6.4 3人のじゃんけん．

a = グ

c\b	グ	チ	パ
グ			
チ			
パ			

a = チ

c\b	グ	チ	パ
グ			
チ			
パ			

a = パ

c\b	グ	チ	パ
グ			
チ			
パ			

問 6.1 すべての事象の表を作れ．
(1) 2つのサイコロ a, b を投げる．
(2) 3枚の硬貨 a, b, c を投げる．

6.3 事象の確率

いろいろな事象の確率を求める．

確率を求める際に役立つ最も基本的な方法を取り上げる．

> **公式 6.1 事象の確率，ラプラスの確率**
> すべてで n 個ある事象が同じ程度に起こるならば，その内の k 個が起こる確率は $\dfrac{k}{n}$ である．

[解説] 各事象の起こる確率が等しいときは事象の個数を数えれば確率が求まる．

> **例題 6.2** 例題 6.1 の表と公式 6.1 を用いて確率を求めよ．
> (1) 2 枚の硬貨 a,b を投げて 2 枚とも表が出る．
> (2) a,b,c の 3 人がじゃんけんをして 1 人の勝者が決まる．

[解] 表 6.2, 6.4 で当てはまる事象に ○ 印をつけて，その個数を数える．

(1) 表 6.5 より $\dfrac{1}{4}$

表 6.5 2 枚の硬貨で 2 枚とも表が出る場合．

a	オ	オ	ウ	ウ
b	オ	ウ	オ	ウ
	○			

(2) 表 6.6 より $\dfrac{9}{27} = \dfrac{1}{3}$

表 6.6 3 人のじゃんけんで 1 人の勝者が決まる場合．

a = グ

c \ b	グ	チ	パ
グ			
チ			○
パ		○	

a = チ

c \ b	グ	チ	パ
グ			○
チ			
パ	○		

a = パ

c \ b	グ	チ	パ
グ		○	
チ	○		
パ			

> **問 6.2** 問 6.1 の表と公式 6.1 を用いて確率を求めよ．
> (1) 2 つのサイコロ a,b を投げて目の和が偶数になる．
> (2) 2 つのサイコロ a,b を投げて目の積が奇数になる．
> (3) 3 枚の硬貨 a,b,c を投げて 2 枚が表になる．
> (4) 3 枚の硬貨 a,b,c を投げて 3 枚とも同じ面が出る．

[注意] 各事象の起こる確率が等しいか良く考える．事象の種類では例題 6.2(1) はオオ，オウ，ウウの $_2H_2 = 3$ 通り，(2) はググ グ，チチチ，パパパ，ググチ，グチチ，ググパ，グパパ，チチパ，チパパ，グチパの $_3H_3 = 10$ 通りあるが，これらの起こる確率は等しくない．

例題 6.3 例題 6.1 の表と公式 6.1 を用いて確率を求めよ．
 (1) 2枚の硬貨 a, b を投げて表の枚数が裏以上である．
 (2) 2枚の硬貨 a, b を投げて少なくとも 1 枚は裏が出る．
 (3) a, b, c の 3 人がじゃんけんをして b が負ける．
 (4) a, b, c の 3 人がじゃんけんをして c が負けない．

解 表 6.2, 6.4 で当てはまる事象に○印をつけて，その個数を数える．

(1) 表 6.7 より $\dfrac{3}{4}$

表 6.7 2枚の硬貨で表の枚数が裏以上である場合．

a	オ	オ	ウ	ウ
b	オ	ウ	オ	ウ
	○	○	○	

(2) 表 6.8 より $\dfrac{3}{4}$

表 6.8 2枚の硬貨で少なくとも 1 枚は裏が出る場合．

a	オ	オ	ウ	ウ
b	オ	ウ	オ	ウ
		○	○	○

(3) 表 6.9 より $\dfrac{9}{27} = \dfrac{1}{3}$

表 6.9 3人のじゃんけんで b が負ける場合．

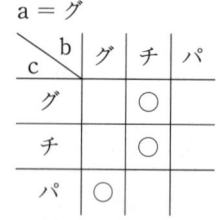

a = グ

c \ b	グ	チ	パ
グ		○	
チ		○	
パ	○		

a = チ

c \ b	グ	チ	パ
グ		○	
チ			○
パ			○

a = パ

c \ b	グ	チ	パ
グ	○		
チ			○
パ			

(4) 表 6.10 より $\dfrac{18}{27} = \dfrac{2}{3}$

表 6.10 3人のじゃんけんで c が負けない場合．

a = グ

c \ b	グ	チ	パ
グ	○	○	
チ			○
パ		○	

a = チ

c \ b	グ	チ	パ
グ	○	○	
チ		○	○
パ	○		

a = パ

c \ b	グ	チ	パ
グ		○	
チ	○	○	○
パ	○		○

問 6.3 問 6.1 の表と公式 6.1 を用いて確率を求めよ．
 (1) 2つのサイコロ a, b を投げて目の和が 7 になる．
 (2) 2つのサイコロ a, b を投げて目の積が 20 以上になる．
 (3) 3枚の硬貨 a, b, c を投げて表が裏より多く出る．
 (4) 3枚の硬貨 a, b, c を投げて奇数枚が裏になる．

練習問題 6

1. すべての事象の表を作れ．
  (1) a, b の 2 人がじゃんけんをする．
  (2) 3 つのサイコロ a, b, c を投げる．

2. 問題 *1* の表と公式 6.1 を用いて確率を求めよ．
  (1) a, b の 2 人がじゃんけんをして勝者が決まる．
  (2) a, b の 2 人がじゃんけんをしてあいこになる．
  (3) 3 つのサイコロ a, b, c を投げて目の和が偶数になる．
  (4) 3 つのサイコロ a, b, c を投げて目の積が奇数になる．

3. 問題 *1* の表と公式 6.1 を用いて確率を求めよ．
  (1) a, b の 2 人がじゃんけんをして a が勝つ．
  (2) a, b の 2 人がじゃんけんをして b が負けない．
  (3) 3 つのサイコロ a, b, c を投げて目の和が 10 になる．
  (4) 3 つのサイコロ a, b, c を投げて目の積が 12 になる．

解答

問 6.1 (1)

b\a	1	2	3	4	5	6
1						
2						
3						
4						
5						
6						

(2)

a	オ	オ	オ	オ	ウ	ウ	ウ	ウ
b	オ	オ	ウ	ウ	オ	オ	ウ	ウ
c	オ	ウ	オ	ウ	オ	ウ	オ	ウ

問 6.2 (1) $\dfrac{1}{2}$ (2) $\dfrac{1}{4}$ (3) $\dfrac{3}{8}$ (4) $\dfrac{1}{4}$

問 6.3 (1) $\dfrac{1}{6}$ (2) $\dfrac{2}{9}$ (3) $\dfrac{1}{2}$ (4) $\dfrac{1}{2}$

練習問題 6

1. (1)

a	グ	グ	グ	チ	チ	チ	パ	パ	パ
b	グ	チ	パ	グ	チ	パ	グ	チ	パ

または

b\a	グ	チ	パ
グ			
チ			
パ			

(2)

a = 1

c \ b	1	2	3	4	5	6
1						
2						
3						
4						
5						
6						

a = 2

c \ b	1	2	3	4	5	6
1						
2						
3						
4						
5						
6						

a = 3

c \ b	1	2	3	4	5	6
1						
2						
3						
4						
5						
6						

a = 4

c \ b	1	2	3	4	5	6
1						
2						
3						
4						
5						
6						

a = 5

c \ b	1	2	3	4	5	6
1						
2						
3						
4						
5						
6						

a = 6

c \ b	1	2	3	4	5	6
1						
2						
3						
4						
5						
6						

2. (1) $\dfrac{2}{3}$ (2) $\dfrac{1}{3}$ (3) $\dfrac{1}{2}$ (4) $\dfrac{1}{8}$

3. (1) $\dfrac{1}{3}$ (2) $\dfrac{2}{3}$ (3) $\dfrac{1}{8}$ (4) $\dfrac{5}{72}$

§7 確 率 の 計 算

確率を計算するときに事象を記号で表すと，いくつかの公式が導かれる．ここではこれらの公式を用いていろいろな事象の確率を求める．

7.1 和 の 法 則

2つの事象のどちらかが起こる確率を考える．

いろいろな事象を $A, B, C, \cdots$ と表し，その事象が起こる確率を $P(A)$, $P(B)$, $P(C)$, $\cdots$ と書く．$A \cup B$ で A または B の事象（和事象），$A \cap B$ で A かつ B の事象（積事象）を表す．

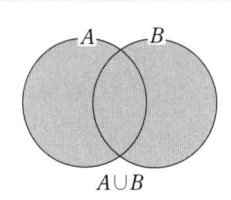

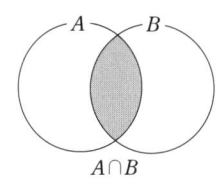

例1 事象の記号を用いて確率を求める．

1つのサイコロを投げて出る目の数を調べる．事象 A は偶数の目，B は1か2か3の目，C は1か3の目とする．

(1) $P(A) = \dfrac{3}{6} = \dfrac{1}{2}$

(2) $P(B) = \dfrac{3}{6} = \dfrac{1}{2}$

(3) $P(C) = \dfrac{2}{6} = \dfrac{1}{3}$

(4) $P(A \cup C) = P(A) + P(C) = \dfrac{3}{6} + \dfrac{2}{6} = \dfrac{5}{6}$

(5) $P(A \cup B) = P(A) + P(B) - P(A \cap B) = \dfrac{3}{6} + \dfrac{3}{6} - \dfrac{1}{6} = \dfrac{5}{6}$

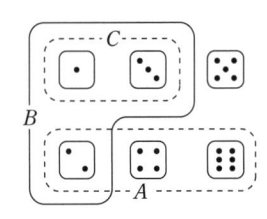

図 7.1 事象 A, B と $A \cup B$, $A \cap B$.

図 7.2 サイコロの目と事象.

これより次が成り立つ．

公式 7.1 和の法則

(1) 事象 A, B が同時に起こらない（排反）ならば
$$P(A \cup B) = P(A) + P(B)$$

(2) 事象 A, B が排反でないならば
$$P(A \cup B) = P(A) + P(B) - P(A \cap B)$$

解説 (1)では事象 A, B が排反ならば事象 $A \cup B$ の確率は事象 A と B の確率の和になる．(2)では事象 A, B が排反でないならば，事象 $A \cup B$ の確率は事象 A と B の確率の和から事象 $A \cap B$ の確率を引く．

事象 A に対して A ではない事象（A の余事象）を $\bar{A}$ と書く．事象 A と $\bar{A}$ は排反で，A または $\bar{A}$ の一方が必ず起こるから，次が成り立つ．

$$P(A)+P(\overline{A}) = P(A\cup \overline{A}) = 1$$

また事象 $\overline{A}\cup \overline{B}$ と $\overline{A}\cap \overline{B}$ について次のド・モルガンの法則が成り立つ．以上をまとめておく．

公式 7.2 余事象の確率とド・モルガンの法則
(1) $P(\overline{A}) = 1-P(A)$
(2) $\overline{A}\cup \overline{B} = \overline{A\cap B}$ (3) $\overline{A}\cap \overline{B} = \overline{A\cup B}$

[解説] (1)では事象 $\overline{A}$ の確率は1から事象 A の確率を引く．(2)，(3)では事象 $\overline{A}\cup \overline{B}$ や $\overline{A}\cap \overline{B}$ を事象 $\overline{A\cap B}$ や $\overline{A\cup B}$ に直し，(1)を用いて確率を計算する．

[注意] 事象 $A\cap \overline{A}$ のように決して起こらない事象を $\emptyset$ と書き，空事象という．一方，事象 $A\cup \overline{A}$ のように必ず起こる事象を S と書き，全事象という．

例題 7.1 公式 7.1, 7.2 を用いて確率の式（$P(A\cup B)$ など）と値を求めよ．

ジョーカーを除く 52 枚のトランプから 1 枚のカードを抜く．事象 A はスペード，B はハート，C はクラブ，D はダイヤ，E はエース，F は絵札とする．
(1) スペードかハートである．
(2) クラブでないかエースである．
(3) ダイヤでも絵札でもない．

[解] 事象の記号 A, B, C, D, E, F を用いて，求める事象を表す．それから確率を計算する．

(1) $P(A\cup B) = P(A)+P(B) = \dfrac{13}{52}+\dfrac{13}{52} = \dfrac{26}{52} = \dfrac{1}{2}$

(2) $P(\overline{C}\cup E) = P(\overline{C})+P(E)-P(\overline{C}\cap E) = 1-\dfrac{13}{52}+\dfrac{4}{52}-\dfrac{3}{52} = \dfrac{40}{52} = \dfrac{10}{13}$

(3) $P(\overline{D}\cap \overline{F}) = P(\overline{D\cup F}) = 1-P(D\cup F) = 1-P(D)-P(F)+P(D\cap F)$
$= 1-\dfrac{13}{52}-\dfrac{12}{52}+\dfrac{3}{52} = \dfrac{30}{52} = \dfrac{15}{26}$ ∎

問 7.1 公式 7.1, 7.2 を用いて確率の式（$P(A\cup B)$ など）と値を求めよ．
例題 7.1 と同様に 52 枚のトランプから 1 枚のカードを抜く．事象 A, $\cdots$, F も同じとする．
(1) エースか絵札である．
(2) クラブか絵札である．
(3) スペードであるか絵札でない．
(4) ハートでもエースでもない．

7.2 積の法則

2つの事象が同時に起こる確率を考える.

例2 2つの事象が同時に起こる確率を求める.

袋の中に5個の木の玉と5個のゴムの玉が入っている. 両方の玉を2個ずつ白く塗り, 残りを赤く塗る. 袋の中から1個を取り出す. 事象Aは木の玉, $\bar{A}$はゴムの玉, Bは白玉, $\bar{B}$は赤玉とする.

(1) 木の白玉が出る.
$$P(A \cap B) = \frac{2}{10} = \frac{1}{2} \times \frac{2}{5} = P(A)P(B)$$

(2) ゴムの赤玉が出る.
$$P(\bar{A} \cap \bar{B}) = \frac{3}{10} = \frac{1}{2} \times \frac{3}{5} = P(\bar{A})P(\bar{B})$$

図 7.3 5個の木の玉と5個のゴムの玉の色.

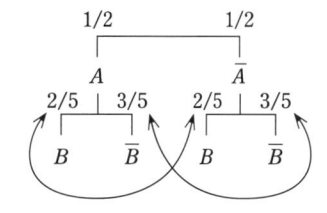

図 7.4 玉の出る事象と確率. 矢印で結んだ数値が等しい.

事象が互いに影響を与えないならば**独立**という. たとえば, 例2で事象Aが起きて事象Bや$\bar{B}$が起こる確率と事象$\bar{A}$が起きて事象Bや$\bar{B}$が起こる確率は等しいので(図7.4), 事象AとBは独立である. また, 同時に事象$\bar{A}$とB, Aと$\bar{B}$, $\bar{A}$と$\bar{B}$も独立になる.

以上より, 次が成り立つ.

公式 7.3 積の法則

事象A, Bが独立ならば
$$P(A \cap B) = P(A)P(B)$$

[解説] 事象A, Bが独立ならば事象$A \cap B$の確率は事象AとBの確率の積になる.

例題 7.2 公式7.3を用いて確率の式($P(A \cap B)$など)と値を求めよ.

10本の中に3本の当たりが入っているくじをa, bの2人がこの順に1本ずつ引いて戻す. 事象Aはaが当たる. Bはbが当たるとする.

(1) a, bが共に当たる.
(2) aがはずれてbが当たる.
(3) a, bが共にはずれる.

解 事象の記号 A, B を用いて，求める事象を表す．それから確率を計算する．取り出したくじは戻すので事象 A, B は独立になる．

(1) $P(A \cap B) = P(A)P(B) = \dfrac{3}{10} \times \dfrac{3}{10} = \dfrac{9}{100}$

(2) $P(\bar{A} \cap B) = P(\bar{A})P(B) = \dfrac{7}{10} \times \dfrac{3}{10} = \dfrac{21}{100}$

(3) $P(\bar{A} \cap \bar{B}) = P(\bar{A})P(\bar{B}) = \dfrac{7}{10} \times \dfrac{7}{10} = \dfrac{49}{100}$

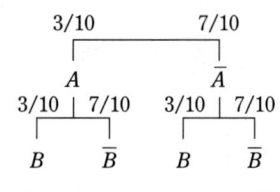

図 7.5 くじの当たる事象と確率．

問 7.2 公式 7.3 を用いて確率の式（$P(A \cap B)$ など）と値を求めよ．

20本の中に1本の1等と3本の2等が入っているくじを，a, bの2人がこの順に1本ずつ引いて戻す．事象 A_1 は a が1等，A_2 は a が2等，A_0 は a がはずれ，B_1 は b が1等，B_2 は b が2等，B_0 は b がはずれとする．

(1) a に1等，b に2等が当たる．
(2) a に2等が当たり，b がはずれる．
(3) a がはずれ，b に1等が当たる．
(4) a, b が共にはずれる．

7.3 条件つき確率

2つの事象が独立でない場合の確率を考える．

事象 A が起きたとき，事象 B が起こる確率を $P(B|A)$ と書き，**条件つき確率**という．

例 3 独立でない2つの事象が同時に起こる確率を求める．

例2と同様に袋の中に5個の木の玉と5個のゴムの玉が入っている．1個の木の玉と3個のゴムの玉を白く塗り，残りを赤く塗る．袋の中から1個を取り出す．事象 A は木の玉，$\bar{A}$ はゴムの玉，B は白玉，$\bar{B}$ は赤玉とすると，図7.7より事象 A, B は独立でない．

(1) 木の白玉が出る．

$$P(A \cap B) = \dfrac{1}{10} = \dfrac{1}{2} \times \dfrac{1}{5} = P(A)P(B|A)$$

(2) ゴムの赤玉が出る．

$$P(\bar{A} \cap \bar{B}) = \dfrac{2}{10} = \dfrac{1}{2} \times \dfrac{2}{5} = P(\bar{A})P(\bar{B}|\bar{A})$$

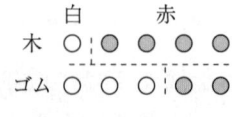

図 7.6 5個の木の玉と5個のゴムの玉の色．

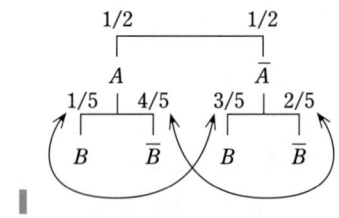

図 7.7 玉の出る事象と確率．矢印で結んだ数値が等しくない．

事象が互いに影響を与えるならば独立でないまたは**従属**という．たとえば，例3で事象 A が起きて事象 B や $\bar{B}$ が起こる確率と，事象 $\bar{A}$ が起きて事象 B や $\bar{B}$ が起こる確率は等しくないので（図7.7），事象 A と B は従属である．また，同時に事象 $\bar{A}$ と B，A と $\bar{B}$，$\bar{A}$ と $\bar{B}$ も従属になる．

以上より，次が成り立つ．

公式 7.4　積の法則

事象 A, B が従属ならば
$$P(A \cap B) = P(A)P(B|A) = P(B)P(A|B)$$

[解説]　事象 A, B が従属ならば，事象 $A \cap B$ の確率は事象 A の確率と条件つき確率 $P(B|A)$ の積になる．または，事象 B の確率と条件つき確率 $P(A|B)$ の積になる．独立か従属かわからないときも，この公式が使える．

例題 7.3　公式 7.4 を用いて確率の式（$P(A \cap B)$ など）と値を求めよ．

10 本の中に 3 本の当たりが入っているくじを a, b の 2 人がこの順に 1 本ずつ引いて戻さない．事象 A は a が当たる．B は b が当たるとする．

(1)　a, b が共に当たる．
(2)　a がはずれて b が当たる．
(3)　a, b が共にはずれる．

[解]　事象の記号 A, B を用いて，求める事象を表す．それから確率を計算する．取り出したくじは戻さないので事象 A, B は従属になる．

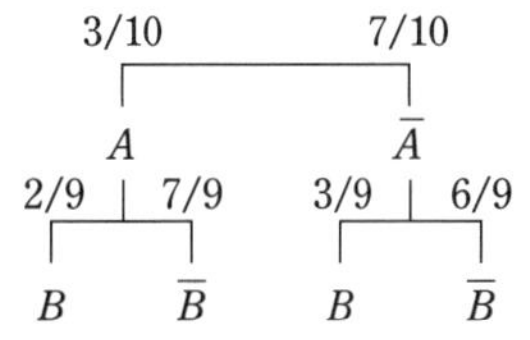

(1)　$P(A \cap B) = P(A)P(B|A) = \dfrac{3}{10} \times \dfrac{2}{9} = \dfrac{1}{15}$

(2)　$P(\bar{A} \cap B) = P(\bar{A})P(B|\bar{A}) = \dfrac{7}{10} \times \dfrac{3}{9} = \dfrac{7}{30}$

(3)　$P(\bar{A} \cap \bar{B}) = P(\bar{A})P(\bar{B}|\bar{A}) = \dfrac{7}{10} \times \dfrac{6}{9} = \dfrac{7}{15}$

図 7.8　くじの当たる事象と確率．

問 7.3　公式 7.4 を用いて確率の式（$P(A \cap B)$ など）と値を求めよ．

20 本の中に 1 本の 1 等と 3 本の 2 等が入っているくじを a, b の 2 人がこの順に 1 本ずつ引いて戻さない．事象 A_1 は a が 1 等，A_2 は a が 2 等，A_0 は a がはずれ，B_1 は b が 1 等，B_2 は b が 2 等，B_0 は b がはずれとする．

(1)　a に 1 等，b に 2 等が当たる．
(2)　a に 2 等が当たり，b がはずれる．
(3)　a がはずれ，b に 1 等が当たる．
(4)　a, b が共にはずれる．

[注意]　ものを選ぶ際に，取り出す毎にもとに戻すならば復元抽出という．取り出してもとに戻さないまたは同時に取り出すならば非復元抽出という．

練習問題 7

1. 公式 7.1, 7.2 を用いて確率の式と値を求めよ．

1 から 30 までの数字を書いたカードが 1 枚ずつあり，ここから 1 枚を抜く．事象 A は 2 の倍数，B は 3 の倍数，C は 5 の倍数，D は 7 の倍数とする．

(1) 2 の倍数か 3 の倍数である．
(2) 5 の倍数か 7 の倍数である．
(3) 3 の倍数であるか 5 の倍数でない．
(4) 2 の倍数でないか 7 の倍数でない．

2. 公式 7.3 を用いて確率の式と値を求めよ．

ある国で血液型の人口比は A 型が 40 ％，B 型が 20 ％，AB 型が 10 ％，O 型が 30 ％である．事象 A_1 は夫が A 型，A_2 は妻が A 型，B_1 は夫が B 型，B_2 は妻が B 型，C_1 は夫が AB 型，C_2 は妻が AB 型，D_1 は夫が O 型，D_2 は妻が O 型とする．

(1) 夫婦が共に A 型である．
(2) 夫が B 型，妻が O 型である．
(3) 夫が AB 型，妻が AB 型でない．
(4) 夫婦の血液型が異なる．

3. 公式 7.4 を用いて確率の式と値を求めよ．

ある国で男女の人口比は 2：3 で，死亡原因はがんが男の 40 ％，女の 30 ％，心臓病が男の 20 ％，女の 20 ％，脳卒中が男の 10 ％，女の 20 ％を占めている．ただし，同時に 2 つ以上の病気で死亡しないとする．事象 A は男性，B はがん，C は心臓病，D は脳卒中，E はその他とする．

(1) 男性ががんで亡くなる．
(2) 女性が心臓病で亡くなる．
(3) 男性が脳卒中以外で亡くなる．
(4) その他の原因で亡くなる．

解答

問 7.1 (1) $P(E \cup F)$, $\dfrac{4}{13}$ (2) $P(C \cup F)$, $\dfrac{11}{26}$

(3) $P(A \cup \bar{F})$, $\dfrac{43}{52}$ (4) $P(\bar{B} \cap \bar{E})$, $\dfrac{9}{13}$

問 7.2 (1) $P(A_1 \cap B_2)$, $\dfrac{3}{400}$ (2) $P(A_2 \cap B_0)$, $\dfrac{3}{25}$

(3) $P(A_0 \cap B_1)$, $\dfrac{1}{25}$ (4) $P(A_0 \cap B_0)$, $\dfrac{16}{25}$

問 7.3 (1) $P(A_1 \cap B_2)$, $\dfrac{3}{380}$ (2) $P(A_2 \cap B_0)$, $\dfrac{12}{95}$

(3) $P(A_0 \cap B_1)$, $\dfrac{4}{95}$ (4) $P(A_0 \cap B_0)$, $\dfrac{12}{19}$

練習問題 7

1. (1) $P(A \cup B)$, $\dfrac{2}{3}$ (2) $P(C \cup D)$, $\dfrac{1}{3}$

   (3) $P(B \cup \bar{C})$, $\dfrac{13}{15}$ (4) $P(\bar{A} \cup \bar{D})$, $\dfrac{14}{15}$

2. (1) $P(A_1 \cap A_2)$, $\dfrac{4}{25}$ (2) $P(B_1 \cap D_2)$, $\dfrac{3}{50}$

   (3) $P(C_1 \cap \bar{C}_2)$, $\dfrac{9}{100}$

   (4) $1 - P(A_1 \cap A_2) - P(B_1 \cap B_2) - P(C_1 \cap C_2) - P(D_1 \cap D_2)$, $\dfrac{7}{10}$

3. (1) $P(A \cap B)$, $\dfrac{4}{25}$ (2) $P(\bar{A} \cap C)$, $\dfrac{3}{25}$

   (3) $P(A \cap \bar{D})$, $\dfrac{9}{25}$ (4) $P(A \cap E) + P(\bar{A} \cap E)$, $\dfrac{3}{10}$

§8 確率変数

これまでいろいろな事象の確率を求めた．ここでは確率を関数として考え，確率変数によって表された式を調べる．

8.1 確率変数と確率

確率変数を導入して確率を表す．

偶然によって値が決まる変数 $x, y, z, \cdots$ を**確率変数**という．確率変数 x の値が $x = a, b, c, \cdots$ となる確率を $P(a),\ P(b),\ P(c),\ \cdots$ と書く．確率変数 x によって表された式 $P(x)$ を**確率分布**（**確率分布関数**）という．対応する確率変数 x とその確率 $P(x)$ の数値を並べると，**確率分布表**になる．また確率分布 $P(x)$ は柱状グラフなどで表す．

> **例題 8.1** 確率分布表を作り，柱状グラフをかけ．
> 袋の中に $1, 2, 3, 4, 5$ の数字を書いた 5 個の玉が入っている．そこから 1 個を取り出して戻すのを 2 回繰り返す．
> 出た玉の数字で大きいか等しい方を x とする．

解 玉の数字の表を作り確率変数 x の値を調べて確率分布表を作る．それから柱状グラフをかく．

表 8.1 玉の数字と x の値．

2回＼1回	1	2	3	4	5
1	1	2	3	4	5
2	2	2	3	4	5
3	3	3	3	4	5
4	4	4	4	4	5
5	5	5	5	5	5

表 8.2 確率分布表．

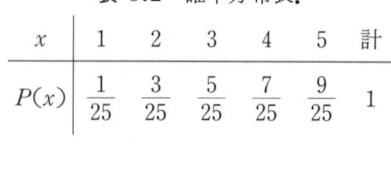

x	1	2	3	4	5	計
$P(x)$	$\dfrac{1}{25}$	$\dfrac{3}{25}$	$\dfrac{5}{25}$	$\dfrac{7}{25}$	$\dfrac{9}{25}$	1

図 8.1 確率分布のグラフ．

問 8.1 確率分布表を作り，柱状グラフをかけ．
袋の中に $1, 2, 3, 4, 5$ の数字を書いた 5 個の玉が入っている．そこから 1 個を取り出して戻すのを 2 回繰り返す．
(1) 出た玉の数字で小さいか等しい方を x とする．
(2) 出た玉の数字の和を y とする．

[注意] 確率分布表は §1 の相対度数分布表と同じである．

8.2 確率変数の期待値

確率変数を用いて期待値を求め，性質を調べる．

確率変数 x の**平均（期待値）**を $E(x)$ と書く．

例1 期待値を求める．

袋の中に $1, 2, 3, 4, 5$ の数字を書いた 10 個の玉が入っている．個数が表 8.3 とする．そこから 1 個を取り出して玉の数字を x とする．確率分布 $P(x)$ を求めると表 8.4 になる．玉の数字の平均 $\bar{x}$ は

$$\bar{x} = \frac{1\times 1 + 2\times 2 + 3\times 4 + 4\times 2 + 5\times 1}{10} = 3.0$$

この式の分子を分けると期待値 $E(x)$ は平均 $\bar{x}$ と等しくなる．

表 8.3 玉の個数．

x	1	2	3	4	5	計
個数	1	2	4	2	1	10

表 8.4 確率分布表．

x	1	2	3	4	5	計
$P(x)$	$\frac{1}{10}$	$\frac{2}{10}$	$\frac{4}{10}$	$\frac{2}{10}$	$\frac{1}{10}$	1

$$\begin{aligned}E(x) &= 1\times\frac{1}{10} + 2\times\frac{2}{10} + 3\times\frac{4}{10} + 4\times\frac{2}{10} + 5\times\frac{1}{10}\\ &= 1\times P(1) + 2\times P(2) + 3\times P(3) + 4\times P(4) + 5\times P(5)\\ &= 3.0\end{aligned}$$

以上をまとめておく．

公式 8.1 確率変数の期待値

確率変数 x の値が $x_1, x_2, \cdots, x_n$ ならば期待値 $E(x)$ は
$$E(x) = x_1 P(x_1) + x_2 P(x_2) + \cdots + x_n P(x_n)$$

[解説] 確率変数 x とその確率 $P(x)$ を掛けてたすと期待値が求まる．

例題 8.2 玉の個数から確率分布 $P(y)$ と公式 8.1 を用いて期待値 $E(y)$ を求めよ．

袋の中に $1, 2, 3, 4, 5$ の数字を書いた 10 個の玉が入っていて，個数が表 8.5 とする．そこから 1 個を取り出して玉の数字を y とする．

表 8.5 玉の個数．

y	1	2	3	4	5	計
個数	1	2	2	2	3	10

[解] 玉の個数から確率分布表を作り，期待値を計算する．

$$\begin{aligned}E(y) &= 1\times\frac{1}{10} + 2\times\frac{2}{10} + 3\times\frac{2}{10} + 4\times\frac{2}{10} + 5\times\frac{3}{10}\\ &= 3.4\end{aligned}$$

表 8.6 確率分布表．

y	1	2	3	4	5	計
$P(y)$	$\frac{1}{10}$	$\frac{2}{10}$	$\frac{2}{10}$	$\frac{2}{10}$	$\frac{3}{10}$	1

問 8.2 玉の個数から確率分布 $P(x)$，$P(y)$ と公式 8.1 を用いて期待値 $E(x)$，$E(y)$ を求めよ．

(1)

x	1	2	3	4	5	計
個数	1	1	1	3	4	10

(2)

y	1	2	3	4	5	計
個数	0	2	4	3	1	10

● 期待値の性質

確率変数の期待値について，§2 と同様な性質が成り立つ．

> **公式 8.2 確率変数の定数倍と和の期待値**
> $$E(ax+by+c) = aE(x)+bE(y)+c \quad (a, b, c \text{ は定数})$$

[解説] 定数を外に出し，変数の和を分けて期待値を求める．

確率変数 x, y が互いに影響を与えないならば独立という．たとえば 2 つのサイコロの目 x, y は独立である．このとき公式 5.3 より
$$P(x, y) = P(x \cap y) = P(x)P(y)$$
これより次が成り立つ．

> **公式 8.3 確率変数の積の期待値**
> 確率変数 x, y が独立ならば
> $$E(xy) = E(x)E(y)$$

[解説] 変数の積を分けて期待値を求める．

> **例題 8.3** 例 1 と例題 8.2 から公式 8.2，8.3 を用いて期待値を求めよ．
> (1) $E(x-2y+4)$　　(2) $E(2xy)$

[解] 別の袋なので確率変数 x, y は独立になる．
(1) $E(x-2y+4) = E(x)-2E(y)+4 = 3.0-2\times 3.4+4 = 0.2$
(2) $E(2xy) = 2E(x)E(y) = 2\times 3.0\times 3.4 = 20.4$

> **問 8.3** 問 8.2 から公式 8.2，8.3 を用いて期待値を求めよ．ただし，確率変数 x, y は独立とする．
> (1) $E(2x+y-3)$　　(2) $E(3xy)$

8.3 確率変数の分散

確率変数を用いて分散を求め，性質を調べる．

確率変数 x の**分散**を $V(x)$，**標準偏差**を $D(x)$ と書く．

[例 2] 分散を求める．
例 1 で玉の数字 x の分散 $s^2(x)$ は
$$s^2(x) = \frac{(1-3.0)^2\times 1+(2-3.0)^2\times 2+(3-3.0)^2\times 4+(4-3.0)^2\times 2+(5-3.0)^2\times 1}{10}$$
$$= 1.20$$

この式の分子を分けると分散 $V(x)$ は分散 $s^2(x)$ と等しくなる．
$$V(x) = (1-3.0)^2\times \frac{1}{10}+(2-3.0)^2\times \frac{2}{10}+(3-3.0)^2\times \frac{4}{10}+(4-3.0)^2\times \frac{2}{10}+(5-3.0)^2\times \frac{1}{10}$$

$$= (1-3.0)^2 \times P(1) + (2-3.0)^2 \times P(2) + (3-3.0)^2 \times P(3)$$
$$+ (4-3.0)^2 \times P(4) + (5-3.0)^2 \times P(5) = 1.20$$

以上をまとめておく．

> **公式 8.4 確率変数の分散と標準偏差**
> 確率変数 x の値が $x_1, x_2, \cdots, x_n$ ならば分散 $V(x)$ と標準偏差 $D(x)$ は
> (1)　$V(x) = (x_1 - E(x))^2 P(x_1) + (x_2 - E(x))^2 P(x_2) + \cdots + (x_n - E(x))^2 P(x_n)$
> (2)　$D(x) = \sqrt{V(x)}$

[解説]　(1) では確率変数 x と期待値 $E(x)$ との差の 2 乗 $(x - E(x))^2$ に確率 $P(x)$ を掛けてたすと，分散が求まる．(2) では分散の正の平方根が標準偏差になる．

公式 2.1 と同様に分散の式を整理すると次が得られる．

> **公式 8.5 分散の求め方**
> $$V(x) = E(x^2) - E(x)^2$$
> $$= x_1^2 P(x_1) + x_2^2 P(x_2) + \cdots + x_n^2 P(x_n) - E(x)^2$$

[解説]　分散を求めるときは確率変数 x の 2 乗の期待値 $E(x^2)$ から期待値の 2 乗 $E(x)^2$ を引く．公式 8.4 (1) よりも易しい計算になる．

> **例題 8.4**　例 1 と例題 8.2 の資料から公式 8.5 を用いて分散 $V(x)$，$V(y)$ と公式 8.4 を用いて標準偏差 $D(x), D(y)$ を求めよ．

[解]　確率分布表から分散と標準偏差を計算する．
$$V(x) = 1^2 \times \frac{1}{10} + 2^2 \times \frac{2}{10} + 3^2 \times \frac{4}{10} + 4^2 \times \frac{2}{10} + 5^2 \times \frac{1}{10} - 3.0^2$$
$$= 1.20$$
$$V(y) = 1^2 \times \frac{1}{10} + 2^2 \times \frac{2}{10} + 3^2 \times \frac{2}{10} + 4^2 \times \frac{2}{10} + 5^2 \times \frac{3}{10} - 3.4^2$$
$$= 1.84$$
$$D(x) = \sqrt{1.20} = 1.10, \quad D(y) = \sqrt{1.84} = 1.36$$

問 8.4　問 8.2 の資料から公式 8.5 を用いて分散 $V(x)$，$V(y)$ と公式 8.4 を用いて標準偏差 $D(x), D(y)$ を求めよ．

● **分散の性質**

確率変数の分散について，§2 と同様な性質が成り立つ．

公式 8.6 確率変数の定数倍と和の分散
(1) $V(ax+b) = a^2 V(x)$ （a, b は定数）
(2) 確率変数 x, y が独立ならば
$$V(x+y) = V(x) + V(y)$$

[解説] (1)では係数を外に出して2乗し，定数項を消して分散を求める．(2)では変数の和を分けて分散を求める．

例題 8.5 例題8.4から公式8.6を用いて分散を求めよ．
(1) $V(2x+1)$ (2) $V(x-2y)$

[解] 別の袋なので確率変数 x, y は独立になる．
(1) $V(2x+1) = 4V(x) = 4 \times 1.20 = 4.80$
(2) $V(x-2y) = V(x) + 4V(y) = 1.20 + 4 \times 1.84 = 8.56$

問 8.5 問8.4から公式8.6を用いて分散を求めよ．ただし，確率変数 x, y は独立とする．
(1) $V(3x-1)$ (2) $V(x+3y)$

練習問題 8

1. 確率分布表を作り，柱状グラフをかけ．
　　袋の中に $1, 2, 3, 4, 5$ の数字を書いた5個の玉が入っている．そこから1個を取り出して戻すのを2回繰り返す．
(1) 出た玉の数字の差を x とする．
(2) 出た玉の数字の積を y とする．

2. 玉の個数から確率分布 $P(x)$, $P(y)$ と公式8.1を用いて期待値 $E(x)$, $E(y)$ を求めよ．

(1)
x	1	2	3	4	5	計
個数	2	2	2	2	2	10

(2)
y	1	2	3	4	5	計
個数	0	1	5	4	0	10

3. 問題 **2** から公式8.2, 8.3を用いて期待値を求めよ．ただし，確率変数 x, y は独立とする．
(1) $E(-3x+2y+1)$ (2) $E(xy-x+y)$

4. 問題 **2** の資料から公式8.5を用いて分散 $V(x)$, $V(y)$ と公式8.4を用いて標準偏差 $D(x)$, $D(y)$ を求めよ．

5. 問題 **4** から公式8.6を用いて分散を求めよ．ただし，確率変数 x, y は独立とする．

(1)　$V(2y+3)$　　　(2)　$V(2x-3y+1)$

解答

問 8.1　(1) P(x) ヒストグラム: 1→9/25, 2→7/25, 3→5/25, 4→3/25, 5→1/25

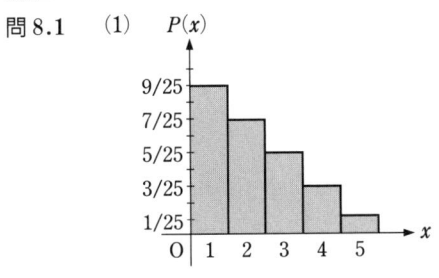

(2) P(y) ヒストグラム: 2→1/25, 3→2/25, 4→3/25, 5→4/25, 6→5/25, 7→4/25, 8→3/25, 9→2/25, 10→1/25

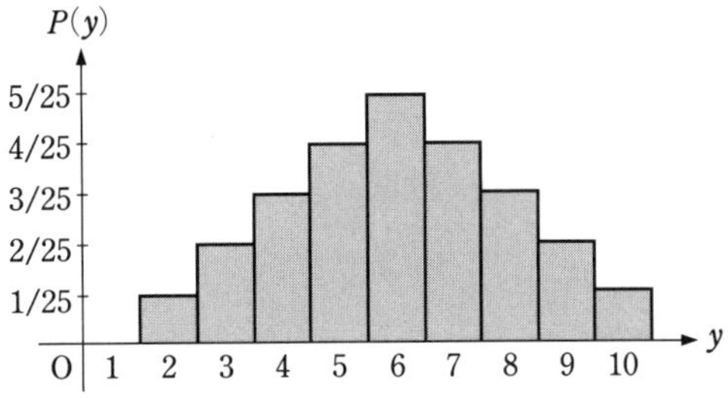

問 8.2　(1)　$E(x) = 3.8$　　　(2)　$E(y) = 3.3$

問 8.3　(1)　7.9　　　(2)　37.62

問 8.4　(1)　$V(x) = 1.76,\ D(x) = 1.33$
　　　　(2)　$V(y) = 0.810,\ D(y) = 0.900$

問 8.5　(1)　15.84　　　(2)　9.05

練習問題 8

1.　(1) P(x) ヒストグラム: 0→5/25, 1→8/25, 2→6/25, 3→4/25, 4→2/25

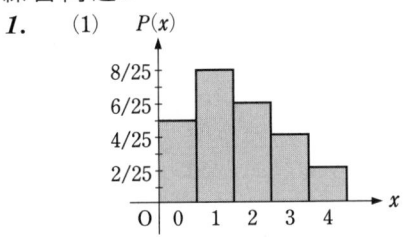

(2) P(y) ヒストグラム: 1→1/25, 2→2/25, 3→2/25, 4→3/25, 5→2/25, 6→2/25, 8→2/25, 9→1/25, 10→2/25, 12→2/25, 15→2/25, 16→1/25, 20→2/25, 25→1/25

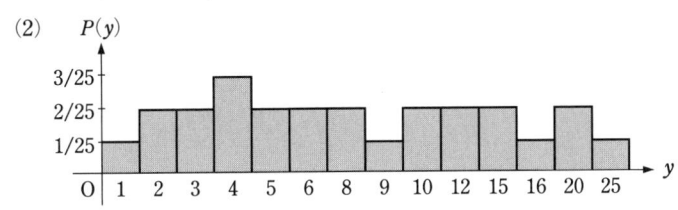

2.　(1)　$E(x) = 3.0$　　　(2)　$E(y) = 3.3$

3.　(1)　-1.4　　　(2)　10.2

4.　(1)　$V(x) = 2.00,\ D(x) = 1.41$　　　(2)　$V(y) = 0.410,\ D(y) = 0.640$

5.　(1)　1.64　　　(2)　11.69

§9 2項分布

硬貨の表裏やサイコロの目などの分布について考える．ここでは最も代表的な離散分布である2項分布を調べる．

9.1 独立な試行

硬貨やサイコロなどを何回も投げるときの確率を調べる．

互いに影響を与えない（独立な）試行を繰り返す場合の確率を求める．

例1 独立な試行の確率を求める．

ある野球チームの勝率は3割 $\left(\frac{3}{10}\right)$ である．ただし各試合の勝敗は独立とする．5試合で3勝2敗するとき，○で勝ち試合，●で負け試合を表すと表9.1になる．これより5試合から3つの勝ち試合を選ぶ組合せの個数は $_5C_3 = 10$ 通りある．

各試合の勝敗は独立なので公式7.3より

$$P(○\cap○\cap○\cap●\cap●)$$
$$= P(○)P(○)P(○)P(●)P(●) = \left(\frac{3}{10}\right)^3\left(\frac{7}{10}\right)^2$$

これは勝敗の順序によらないので，5試合で3勝2敗する確率は

$$_5C_3\left(\frac{3}{10}\right)^3\left(\frac{7}{10}\right)^2 = 10\times\left(\frac{3}{10}\right)^3\left(\frac{7}{10}\right)^2 = \frac{1323}{10000}$$
$$= 0.1323$$

表 9.1 5試合で3勝2敗する場合．

試合	第1	第2	第3	第4	第5
①	○	○	○	●	●
②	○	○	●	○	●
③	○	○	●	●	○
④	○	●	○	○	●
⑤	○	●	○	●	○
⑥	○	●	●	○	○
⑦	●	○	○	○	●
⑧	●	○	○	●	○
⑨	●	○	●	○	○
⑩	●	●	○	○	○

以上より次が成り立つ．

公式 9.1 独立な試行の確率分布

ある事象が起こる確率を p とする．n 回の独立な試行でその事象が x 回起こる確率分布は
$$P(x) = {}_nC_x\, p^x(1-p)^{n-x}$$

[解説] 場合の数 $_nC_x$ にその事象が起こる確率 p と起こらない確率 $(1-p)$ を回数分だけ掛ける．

例題 9.1 公式9.1を用いて確率を求めよ．

a, b の2人が3回じゃんけんをして a が1回以下勝つ．

[解] 場合の数 $_3C_x$ に勝つ確率 $\frac{1}{3}$ とあいこか負ける確率 $\frac{2}{3}$ を回数分だけ掛け

る.
・a が 0 回勝つ.
$$P(0) = {}_3C_0\left(\frac{1}{3}\right)^0\left(\frac{2}{3}\right)^3 = \frac{8}{27}$$

・a が 1 回勝つ.
$$P(1) = {}_3C_1\left(\frac{1}{3}\right)^1\left(\frac{2}{3}\right)^2 = \frac{12}{27}$$

よって
$$P(0)+P(1) = \frac{8}{27}+\frac{12}{27} = \frac{20}{27}$$

問 9.1 公式 9.1 を用いて確率を求めよ.
(1) 硬貨を 4 枚投げて表が 3 枚以上出る.
(2) サイコロを 6 回投げて 1 の目が 2 回以下出る.

9.2 2 項 分 布

独立な試行での確率分布を考える.

独立な試行を繰り返すとき,ある事象が起こる回数の確率分布を調べる.

例 2 独立な試行の確率分布を求める.

例 1 の野球チームが 5 試合して x 勝する確率は,公式 9.1 より
$$P(x) = {}_5C_x\left(\frac{3}{10}\right)^x\left(\frac{7}{10}\right)^{5-x}$$

注意 例 2 の表 9.2 には 2 項定理(公式 5.5)で展開した式の各項が並ぶ.
$$1 = \left(\frac{7}{10}+\frac{3}{10}\right)^5$$
$$= {}_5C_0\left(\frac{7}{10}\right)^5 + {}_5C_1\left(\frac{3}{10}\right)\left(\frac{7}{10}\right)^4 + {}_5C_2\left(\frac{3}{10}\right)^2\left(\frac{7}{10}\right)^3$$
$$+ {}_5C_3\left(\frac{3}{10}\right)^3\left(\frac{7}{10}\right)^2 + {}_5C_4\left(\frac{3}{10}\right)^4\left(\frac{7}{10}\right) + {}_5C_5\left(\frac{3}{10}\right)^5$$

表 9.2 独立な試行の確率分布表.

x	$P(x)$
0	${}_5C_0\left(\frac{3}{10}\right)^0\left(\frac{7}{10}\right)^5$
1	${}_5C_1\left(\frac{3}{10}\right)^1\left(\frac{7}{10}\right)^4$
2	${}_5C_2\left(\frac{3}{10}\right)^2\left(\frac{7}{10}\right)^3$
3	${}_5C_3\left(\frac{3}{10}\right)^3\left(\frac{7}{10}\right)^2$
4	${}_5C_4\left(\frac{3}{10}\right)^4\left(\frac{7}{10}\right)^1$
5	${}_5C_5\left(\frac{3}{10}\right)^5\left(\frac{7}{10}\right)^0$
計	1

以上より次が成り立つ.

公式 9.2 2 項分布

ある事象が起こる確率を p とする.n 回(次数)の独立な試行でその事象が x 回起こる確率を 2 項分布といい,$B(n,p)$ と表す.確率分布は
$$P(x) = {}_nC_x p^x (1-p)^{n-x}$$

[解説] 独立な試行の確率分布を 2 項分布という.次数 n と確率 p で確率分布 $P(x)$ が求まるので $B(n,p)$ と表す.

例題 9.2 公式 9.2 を用いて例 2 と例題 9.1 の確率分布の式を求め，表を作り，柱状グラフをかけ．

解 試行回数（次数）と事象が起こる確率を用いて確率分布の式を求める．それから表を作り，グラフをかく．

(1)　$P(x) = {}_5C_x \left(\dfrac{3}{10}\right)^x \left(\dfrac{7}{10}\right)^{5-x}, \quad B\left(5, \dfrac{3}{10}\right)$

表 9.3 2項分布 $B\left(5, \dfrac{3}{10}\right)$ の表．

x	$P(x)$
0	${}_5C_0 \left(\dfrac{3}{10}\right)^0 \left(\dfrac{7}{10}\right)^5 = \dfrac{16807}{10^5} = 0.16807$
1	${}_5C_1 \left(\dfrac{3}{10}\right)^1 \left(\dfrac{7}{10}\right)^4 = \dfrac{36015}{10^5} = 0.36015$
2	${}_5C_2 \left(\dfrac{3}{10}\right)^2 \left(\dfrac{7}{10}\right)^3 = \dfrac{30870}{10^5} = 0.30870$
3	${}_5C_3 \left(\dfrac{3}{10}\right)^3 \left(\dfrac{7}{10}\right)^2 = \dfrac{13230}{10^5} = 0.13230$
4	${}_5C_4 \left(\dfrac{3}{10}\right)^4 \left(\dfrac{7}{10}\right)^1 = \dfrac{2835}{10^5} = 0.02835$
5	${}_5C_5 \left(\dfrac{3}{10}\right)^5 \left(\dfrac{7}{10}\right)^0 = \dfrac{243}{10^5} = 0.00243$
計	1.00000

図 9.1 2項分布 $B\left(5, \dfrac{3}{10}\right)$ のグラフ．

(2)　$P(x) = {}_3C_x \left(\dfrac{1}{3}\right)^x \left(\dfrac{2}{3}\right)^{3-x}, \quad B\left(3, \dfrac{1}{3}\right)$

表 9.4 2項分布 $B\left(3, \dfrac{1}{3}\right)$ の表．

x	$P(x)$
0	${}_3C_0 \left(\dfrac{1}{3}\right)^0 \left(\dfrac{2}{3}\right)^3 = \dfrac{8}{27} = 0.29630$
1	${}_3C_1 \left(\dfrac{1}{3}\right)^1 \left(\dfrac{2}{3}\right)^2 = \dfrac{12}{27} = 0.44444$
2	${}_3C_2 \left(\dfrac{1}{3}\right)^2 \left(\dfrac{2}{3}\right)^1 = \dfrac{6}{27} = 0.22222$
3	${}_3C_3 \left(\dfrac{1}{3}\right)^3 \left(\dfrac{2}{3}\right)^0 = \dfrac{1}{27} = 0.03704$
計	1.00000

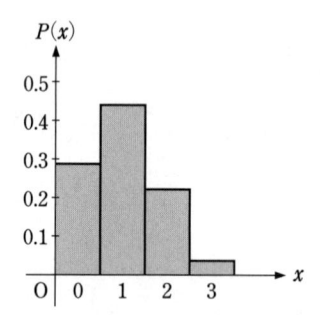

図 9.2 2項分布 $B\left(3, \dfrac{1}{3}\right)$ のグラフ．

問 9.2 公式 9.2 を用いて確率分布の式を求め，表を作り，柱状グラフをかけ．
(1) 硬貨を 4 枚投げて表が x 枚出る．
(2) サイコロを 6 回投げて 1 の目が x 回出る．

[注意] 2項分布 $B(n,p)$ は山型分布で np 付近に山頂がくる．つまりある事象の起こる確率が p ならば，n 回中およそ np 回ぐらい起こる．

(1) $B\left(5, \dfrac{3}{10}\right)$ ならば $5 \times \dfrac{3}{10} = \dfrac{3}{2} = 1.5$

(2) $B\left(3, \dfrac{1}{3}\right)$ ならば $3 \times \dfrac{1}{3} = 1$

9.3 2項分布の期待値と分散

2項分布で期待値と分散を調べる．

例3 2項分布の期待値と分散を求める．

例1の野球チーム $\left(p = \dfrac{3}{10}\right)$ が n 試合で x 勝する．

(1) 1試合する ($n = 1$) の場合
$$P(x) = {}_1C_x \left(\dfrac{3}{10}\right)^x \left(\dfrac{7}{10}\right)^{1-x}, \quad B\left(1, \dfrac{3}{10}\right)$$

公式 8.1 と表 9.5 より
$$E(x) = 0 \times \dfrac{7}{10} + 1 \times \dfrac{3}{10} = \dfrac{3}{10} = p$$

公式 8.5 と表 9.5 より
$$V(x) = 0^2 \times \dfrac{7}{10} + 1^2 \times \dfrac{3}{10} - \left(\dfrac{3}{10}\right)^2 = \dfrac{21}{100} = p(1-p)$$

表 9.5 2項分布 $B\left(1, \dfrac{3}{10}\right)$ の表．

x	$P(x)$
0	${}_1C_0 \left(\dfrac{3}{10}\right)^0 \left(\dfrac{7}{10}\right)^1 = \dfrac{7}{10}$
1	${}_1C_1 \left(\dfrac{3}{10}\right)^1 \left(\dfrac{7}{10}\right)^0 = \dfrac{3}{10}$
計	1

(2) 2試合する ($n = 2$) 場合
$$P(x) = {}_2C_x \left(\dfrac{3}{10}\right)^x \left(\dfrac{7}{10}\right)^{2-x}, \quad B\left(2, \dfrac{3}{10}\right)$$

公式 8.1 と表 9.6 より
$$E(x) = 0 \times \dfrac{49}{100} + 1 \times \dfrac{42}{100} + 2 \times \dfrac{9}{100} = \dfrac{60}{100}$$
$$= \dfrac{6}{10} = 2p$$

公式 8.5 と表 9.6 より
$$V(x) = 0^2 \times \dfrac{49}{100} + 1^2 \times \dfrac{42}{100} + 2^2 \times \dfrac{9}{100} - \left(\dfrac{6}{10}\right)^2$$
$$= \dfrac{42}{100} = 2p(1-p)$$

表 9.6 2項分布 $B\left(2, \dfrac{3}{10}\right)$ の表．

x	$P(x)$
0	${}_2C_0 \left(\dfrac{3}{10}\right)^0 \left(\dfrac{7}{10}\right)^2 = \dfrac{49}{100}$
1	${}_2C_1 \left(\dfrac{3}{10}\right)^1 \left(\dfrac{7}{10}\right)^1 = \dfrac{42}{100}$
2	${}_2C_2 \left(\dfrac{3}{10}\right)^2 \left(\dfrac{7}{10}\right)^0 = \dfrac{9}{100}$
計	1

(3) 5試合する ($n = 5$) 場合
$$P(x) = {}_5C_x \left(\dfrac{3}{10}\right)^x \left(\dfrac{7}{10}\right)^{5-x}, \quad B\left(5, \dfrac{3}{10}\right)$$

公式 8.1 と表 9.3 より
$$E(x) = 0 \times \dfrac{16807}{10^5} + 1 \times \dfrac{36015}{10^5} + 2 \times \dfrac{30870}{10^5} + 3 \times \dfrac{13230}{10^5}$$

$$+4\times\frac{2835}{10^5}+5\times\frac{243}{10^5}=\frac{15}{10}=5p$$

公式 8.5 と表 9.3 より

$$V(x)=0^2\times\frac{16807}{10^5}+1^2\times\frac{36015}{10^5}+2^2\times\frac{30870}{10^5}+3^2\times\frac{13230}{10^5}$$

$$+4^2\times\frac{2835}{10^5}+5^2\times\frac{243}{10^5}-\left(\frac{15}{10}\right)^2$$

$$=\frac{105}{100}=5p(1-p)$$

以上より次が成り立つ．

> **公式 9.3　2項分布の期待値と分散**
> 2項分布 $B(n,p)$ の期待値 $E(x)$ と分散 $V(x)$ は
> (1)　$E(x)=np$　　　(2)　$V(x)=np(1-p)$

[解説]　(1)，(2)では2項分布 $B(n,p)$ の期待値 $E(x)$ と分散 $V(x)$ が次数 n と確率 p から求まる．

> **例題 9.3**　公式 9.3 を用いて例題 9.2 (2) の確率分布の期待値と分散を求めよ．

[解]　次数 $n=3$ とじゃんけんに勝つ確率 $p=\dfrac{1}{3}$ より計算する．じゃんけんでは，平均すると3回に1回は勝つ．

$$E(x)=3\times\frac{1}{3}=1,\quad V(x)=3\times\frac{1}{3}\times\frac{2}{3}=\frac{2}{3}$$

問 9.3　公式 9.3 を用いて問 9.2 の確率分布の期待値と分散を求めよ．

[注意]　試行の回数を n とし，ある事象が起こる回数 x の代りに相対度数 $\dfrac{x}{n}$ の期待値と分散を考える．公式 8.2, 8.6 より

$$E\left(\frac{x}{n}\right)=\frac{1}{n}E(x)=\frac{1}{n}\times np=p$$

$$V\left(\frac{x}{n}\right)=\frac{1}{n^2}V(x)=\frac{1}{n^2}\times np(1-p)=\frac{p(1-p)}{n}\to 0\ (n\to\infty)$$

つまり試行の回数 n が増えると，分散が 0 に近づくので，相対度数 $\dfrac{x}{n}$ はその事象が起こる確率 p に近づく．このことを利用すればある事象の起こる確率を実験で求めることができる．これを大数の法則という．

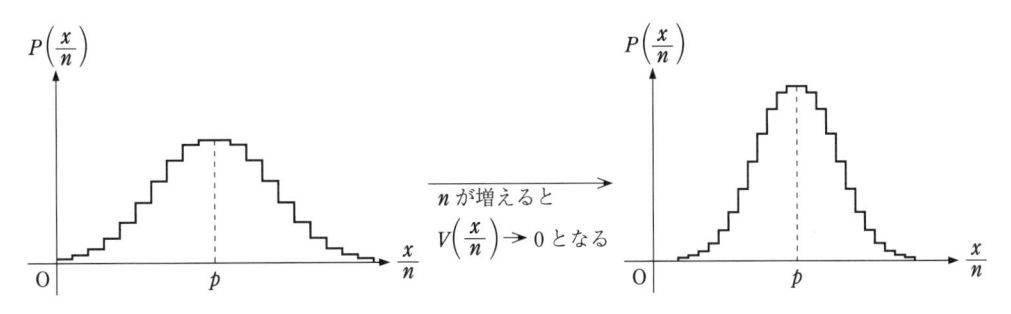

図 9.3 n が増えるときの相対度数 $\frac{x}{n}$ の分布.

練習問題 9

1. 公式 9.1 を用いて確率を求めよ．
  (1) 打率が 2 割 5 分の打者が 5 打席でヒットを 3 本以下打つ．
  (2) 5 つの選択肢から 1 つの正解を選ぶ問題が 7 問ある．でたらめに答を選んで 4 問以上で正解する．

2. 公式 9.2 を用いて確率分布の式を求め，表を作り，柱状グラフをかけ．
  (1) 打率が 2 割 5 分の打者が 5 打席でヒットを x 本打つ．
  (2) 5 つの選択肢から 1 つの正解を選ぶ問題が 7 問ある．でたらめに答を選んで x 問で正解する．

3. 公式 9.3 を用いて問題 2 の確率分布の期待値と分散を求めよ．

【解答】

問 9.1　(1) $\dfrac{5}{2^4}$　(2) $\dfrac{43750}{6^6}$

問 9.2　(1) ${}_4C_x\left(\dfrac{1}{2}\right)^x\left(\dfrac{1}{2}\right)^{4-x}$　(2) ${}_6C_x\left(\dfrac{1}{6}\right)^x\left(\dfrac{5}{6}\right)^{6-x}$

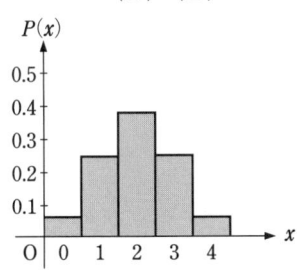

問 9.3　(1) $E(x)=2, \quad V(x)=1$　(2) $E(x)=1, \quad V(x)=\dfrac{5}{6}$

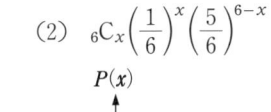

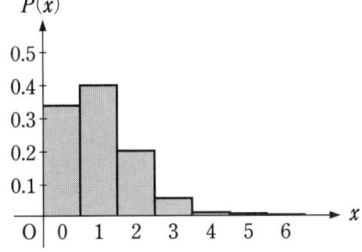

練習問題 9

1. (1) $\dfrac{1008}{4^5}$　(2) $\dfrac{2605}{5^7}$

2. (1) ${}_5C_x\left(\dfrac{1}{4}\right)^x\left(\dfrac{3}{4}\right)^{5-x}$ (2) ${}_7C_x\left(\dfrac{1}{5}\right)^x\left(\dfrac{4}{5}\right)^{7-x}$

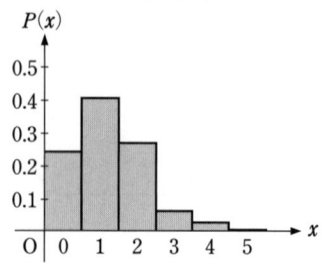

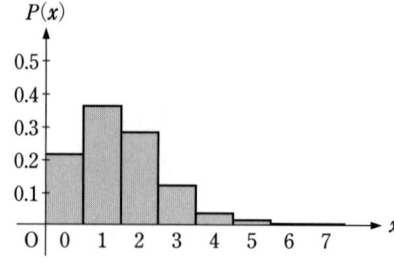

3. (1) $E(x)=\dfrac{5}{4},\quad V(x)=\dfrac{15}{16}$ (2) $E(x)=\dfrac{7}{5},\quad V(x)=\dfrac{28}{25}$

§10 正規分布

身長や体重などの数値の分布について考える．ここでは連続な分布を取り上げて確率を求める．そして最も重要な正規分布を調べる．

10.1 連続分布と密度関数

連続な確率分布を見ていく．

身長や体重のようにある範囲のすべての数値をとるならば連続確率変数という．サイコロの目のように飛び飛びの値をとるならば離散確率変数という．

例 1 連続な分布をグラフで表す．

ある国で国民の身長を調べる．縦軸に確率または人数，横軸に身長をとり柱状グラフをかく．身長の階級の幅を 10 cm として図 10.1 のグラフになったとする．

分布を詳しく調べるために階級の幅を 10 cm → 1 cm → 1 mm → ⋯ と小さくする．このとき各階級に入る確率や人数も小さくなるので，各柱の高さがどんどん下り，見づらくなってしまう．

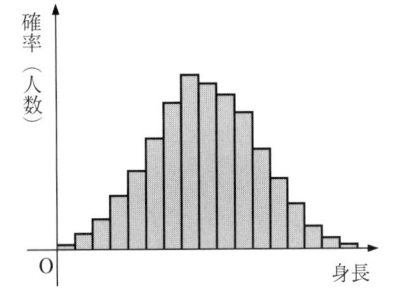

図 10.1 身長と確率 (人数)．

例 1 での失敗を反省して次のように考える．これまで柱の高さで確率を表してきたが，これからは柱の面積で確率を表す．つまり，

「柱の高さ」×「階級の幅」＝「柱の面積」＝ 確率

このとき階級の幅を小さくすれば面積（確率）も小さくなり，柱の高さを変えずにすむ．上の確率の式を変形すると

$$\text{「柱の高さ」} = \frac{\text{確率}}{\text{「階級の幅」}} = \text{確率密度}$$

連続分布をグラフで表すと縦軸は確率の代りに**確率密度**という．「階級の幅」→ 0 として現れる曲線を確率密度曲線という．連続分布は**確率密度関数（密度関数）**を用いて表す．

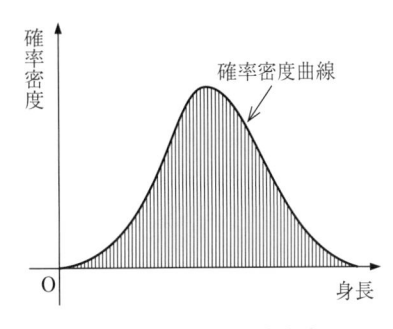

図 10.2 身長と確率密度．

連続分布で密度関数と確率の関係をまとめておく．

公式 10.1 密度関数

確率変数 x の密度関数が $f(x)$ ならば，次が成り立つ．
(1) $f(x) \geqq 0$
(2) $f(x)$ のグラフと x 軸に囲まれた図形の面積は 1 になる．
(3) 確率 $P(a \leqq x \leqq b)$ は区間 $a \leqq x \leqq b$ で $f(x)$ のグラフと x 軸に囲まれた図形の面積 S である．

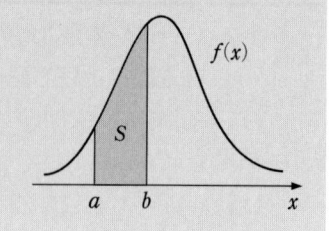

図 10.3 密度関数と確率．面積 S で確率を表す．

[解説] (1)では密度関数が正または 0 になる．(2)では密度関数のグラフと x 軸に囲まれた図形の面積が 1 になる．(3)では連続分布は点 $x = a$ での確率 $P(a)$ ではなく，区間 $a \leqq x \leqq b$ に入る確率 $P(a \leqq x \leqq b)$ を考える．そして図形の面積 S で確率を表す．

[注意] 密度関数 $f(x)$ のグラフを点 x で拡大すると，幅が dx，高さが $f(x)$ の柱の面積 $f(x)\,dx$ は点 x での確率 $P(x)$ になる．これを点 a から点 b までたし合わせれば

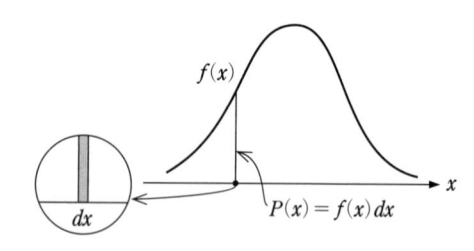

$$P(a \leqq x \leqq b) = \int_a^b f(x)\,dx = S$$

図 10.4 密度関数と点 x での確率．

例題 10.1 密度関数 $f(x)$ が図 10.5 のとき，公式 10.1 を用いて確率を求めよ．
(1) $P(0 \leqq x \leqq 1)$
(2) $P(0 \leqq x \leqq 2)$
(3) $P(1 \leqq x \leqq 2)$
(4) $P\left(1 \leqq x \leqq \dfrac{3}{2}\right)$

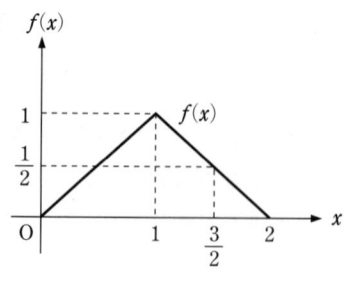

図 10.5 密度関数と確率．

[解] 各範囲で図形の面積を求めて確率を計算する．

(1) $P(0 \leqq x \leqq 1) = \dfrac{1}{2} \times 1 \times 1 = \dfrac{1}{2}$

(2) $P(0 \leqq x \leqq 2) = \dfrac{1}{2} \times 2 \times 1 = 1$

(3) $P(1 \leqq x \leqq 2) = \dfrac{1}{2} \times 1 \times 1 = \dfrac{1}{2}$

(4) $P\left(1 \leqq x \leqq \dfrac{3}{2}\right) = P(1 \leqq x \leqq 2) - P\left(\dfrac{3}{2} \leqq x \leqq 2\right)$
$= \dfrac{1}{2} - \dfrac{1}{2} \times \dfrac{1}{2} \times \dfrac{1}{2} = \dfrac{3}{8}$

問 10.1 密度関数 $f(x)$ が右図のとき，公式 10.1 を用いて確率を求めよ．

(1) $P\left(-\dfrac{1}{2} \leqq x \leqq 0\right)$ (2) $P\left(0 \leqq x \leqq \dfrac{1}{2}\right)$

(3) $P(0 \leqq x \leqq 1)$ (4) $P\left(-\dfrac{1}{2} \leqq x \leqq \dfrac{1}{4}\right)$

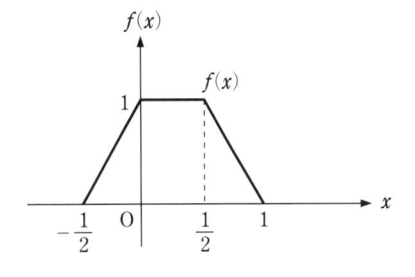

10.2 標準正規分布

連続分布の中で，最も重要な正規分布について調べる．

$$f(x) = \frac{1}{\sqrt{2\pi}} e^{-\frac{x^2}{2}}$$

が密度関数である連続分布を**標準正規分布**という．グラフは図 10.6 になり正規分布曲線という．点 $x=0$ に山頂を持つ左右対称な山型分布である．平均は 0，分散は 1 になるので $N(0,1)$ と表す．

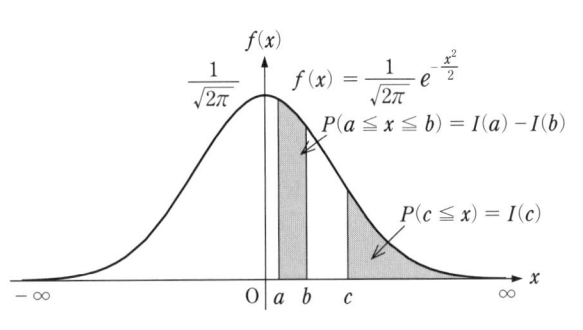

図 10.6 正規分布曲線と確率．

標準正規分布では次のようにして確率を求める．

公式 10.2 標準正規分布と確率

標準正規分布 $N(0,1)$ の平均は 0，分散は 1 である．確率変数 x が標準正規分布 $N(0,1)$ ならば確率 $P(c \leqq x)$ は区間 $c \leqq x$ で，密度関数 $f(x)$ のグラフと x 軸に囲まれた図形の面積 $I(c)$ になる．これを**正規分布表**より求めて計算する．$I(-\infty)=1$，$I(\infty)=0$ となる．

$$P(c \leqq x) = I(c)$$
$$P(a \leqq x \leqq b) = P(a \leqq x) - P(b \leqq x) = I(a) - I(b)$$

[解説] 標準正規分布では密度関数から計算した面積 $I(c)$ の数値の表 (p.86, 87 の正規分布表) を用いて確率を求める．

例題 10.2 確率変数 x が標準正規分布 $N(0,1)$ のとき，公式 10.2 を用いて確率を求めよ．

(1) $P(-1.0 \leqq x)$ (2) $P(x \leqq 1.5)$

(3) $P(-1.5 \leqq x \leqq 1.0)$ (4) $P(|x| \leqq 2.0)$

(5) $P(1.0 \leqq |x|)$

[解] 確率 $P(a \leqq x \leqq b)$ を面積 $I(a)$ や $I(b)$ の式に直してから，正規分布表を用いて確率を計算する．

(1) $P(-1.0 \leq x) = I(-1.0) = 0.8413$

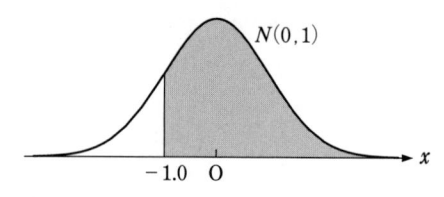

図 10.7　$P(-1.0 \leq x)$ と図形の面積.

(2) $P(x \leq 1.5) = P(-\infty < x \leq 1.5)$
$= I(-\infty) - I(1.5)$
$= 1 - 0.0668$
$= 0.9332$

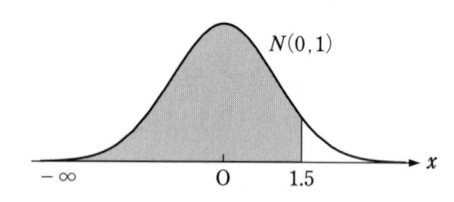

図 10.8　$P(x \leq 1.5)$ と図形の面積.

(3) $P(-1.5 \leq x \leq 1.0) = I(-1.5) - I(1.0)$
$= 0.9332 - 0.1587$
$= 0.7745$

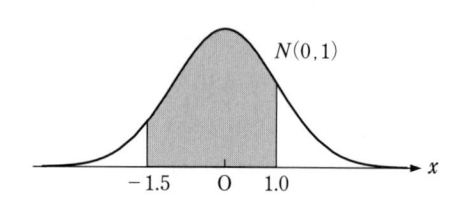

図 10.9　$P(-1.5 \leq x \leq 1.0)$ と図形の面積.

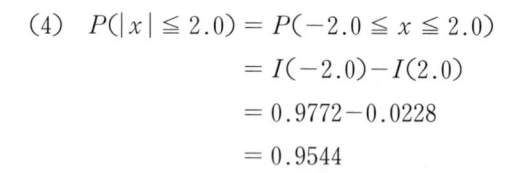

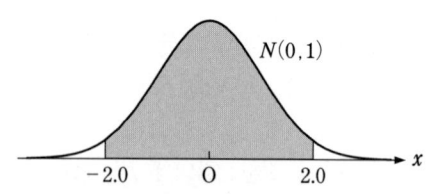

(4) $P(|x| \leq 2.0) = P(-2.0 \leq x \leq 2.0)$
$= I(-2.0) - I(2.0)$
$= 0.9772 - 0.0228$
$= 0.9544$

図 10.10　$P(|x| \leq 2.0)$ と図形の面積.

(5) $P(1.0 \leq |x|) = P(x \leq -1.0) + P(1.0 \leq x)$
$= I(-\infty) - I(-1.0) + I(1.0)$
$= 1 - 0.8413 + 0.1587$
$= 0.3174$

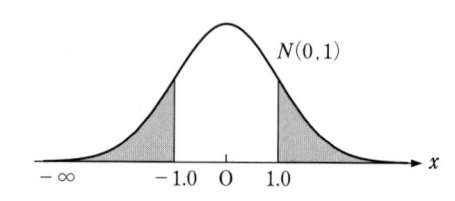

図 10.11　$P(1.0 \leq |x|)$ と図形の面積.

> 問 10.2　確率変数 x が標準正規分布 $N(0,1)$ のとき，公式 10.2 を用いて確率を求めよ．
> (1)　$P(-2.0 \leq x)$　　　(2)　$P(x \leq 1.0)$
> (3)　$P(-1.0 \leq x \leq 2.0)$　　　(4)　$P(1.5 \leq |x|)$

10.3 一般の正規分布

標準とは限らない一般の正規分布を調べる．

$$f(x) = \frac{1}{\sqrt{2\pi}\,\sigma} e^{-\frac{(x-\mu)^2}{2\sigma^2}}$$

が密度関数である連続分布を（一般の）**正規分布**という．グラフは図10.12になる．点 $x = \mu$ に山頂を持つ左右対称な山型分布である．平均は μ，分散は σ^2 になるので $N(\mu, \sigma^2)$ と表す．正規分布の例は数多く知られていて，身長，測定の誤差，製品の品質などがある．

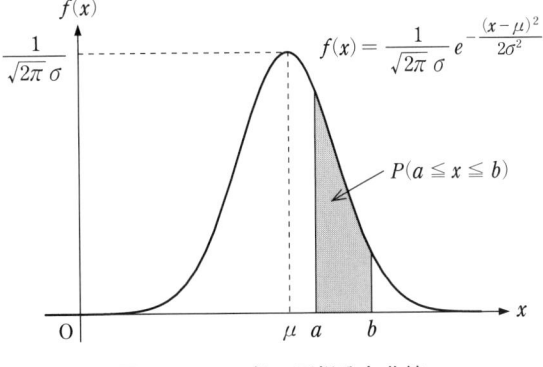

図 10.12 一般の正規分布曲線．

一般の正規分布では次のようにして確率を求める．

> **公式 10.3　一般の正規分布と確率**
>
> 一般の正規分布 $N(\mu, \sigma^2)$ の平均は μ，分散は σ^2 である．確率変数 x が正規分布 $N(\mu, \sigma^2)$ ならば $z = \dfrac{x-\mu}{\sigma}$ とおくと確率変数 z は標準正規分布 $N(0,1)$ になり，次が成り立つ．
>
> $$P(a \leqq x \leqq b) = P\left(\frac{a-\mu}{\sigma} \leqq z \leqq \frac{b-\mu}{\sigma}\right)$$
> $$= I\left(\frac{a-\mu}{\sigma}\right) - I\left(\frac{b-\mu}{\sigma}\right)$$

[解説] 一般の正規分布では標準正規分布に直してから，正規分布表を用いて確率を求める．

> **例題 10.3** 確率変数 x が正規分布 $N(3,4)$ のとき，公式10.3を用いて確率を求めよ．
> (1) $P(5.0 \leqq x)$　　(2) $P(x \leqq 1.0)$
> (3) $P(0.0 \leqq x \leqq 7.0)$　　(4) $P(|x-3| \leqq 3.0)$
> (5) $P(1.0 \leqq |x-3|)$

解　x の式を $z = \dfrac{x-3}{\sqrt{4}} = \dfrac{x-3}{2}$ の式に直してから，正規分布表を用いて確率を計算する．

(1) $P(5.0 \leqq x) = P\left(\dfrac{5.0-3}{2} \leqq z\right)$
$= P(1.0 \leqq z) = I(1.0) = 0.1587$

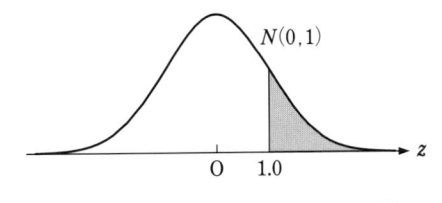

図 10.13 $P(1.0 \leqq z)$ と図形の面積．

(2) $P(x \leq 1.0) = P\left(z \leq \dfrac{1.0-3}{2}\right) = P(z \leq -1.0)$
$= I(-\infty) - I(-1.0)$
$= 1 - 0.8413 = 0.1587$

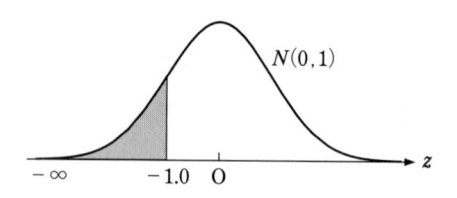

図 10.14　$P(z \leq -1.0)$ と図形の面積.

(3) $P(0.0 \leq x \leq 7.0) = P\left(\dfrac{0.0-3}{2} \leq z \leq \dfrac{7.0-3}{2}\right)$
$= P(-1.5 \leq z \leq 2.0)$
$= I(-1.5) - I(2.0)$
$= 0.9332 - 0.0228 = 0.9104$

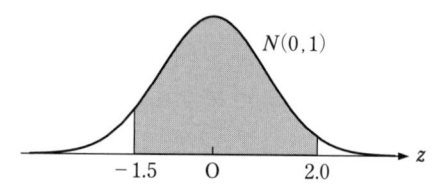

図 10.15　$P(-1.5 \leq z \leq 2.0)$ と図形の面積.

(4) $P(|x-3| \leq 3.0) = P\left(|z| \leq \dfrac{3.0}{2}\right)$
$= P(|z| \leq 1.5)$
$= P(-1.5 \leq z \leq 1.5)$
$= I(-1.5) - I(1.5)$
$= 0.9332 - 0.0668 = 0.8664$

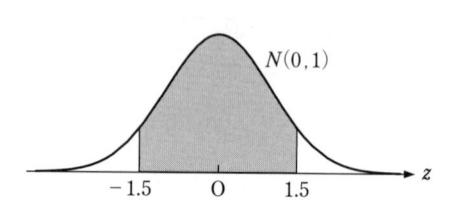

図 10.16　$P(|z| \leq 1.5)$ と図形の面積.

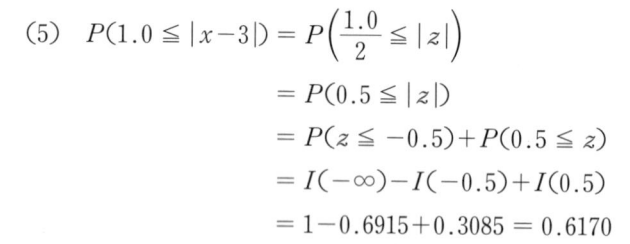

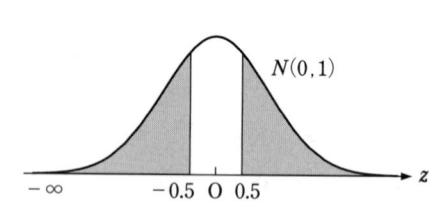

(5) $P(1.0 \leq |x-3|) = P\left(\dfrac{1.0}{2} \leq |z|\right)$
$= P(0.5 \leq |z|)$
$= P(z \leq -0.5) + P(0.5 \leq z)$
$= I(-\infty) - I(-0.5) + I(0.5)$
$= 1 - 0.6915 + 0.3085 = 0.6170$

図 10.17　$P(0.5 \leq |z|)$ と図形の面積.

問 10.3　確率変数 x が正規分布 $N(-1, 4)$ のとき，公式 10.3 を用いて確率を求めよ．

(1)　$P(-3.0 \leq x)$
(2)　$P(-2.0 \leq x \leq 3.0)$
(3)　$P(|x+1| \leq 2.0)$
(4)　$P(3.0 \leq |x+1|)$

[注意]　確率変数 x が正規分布 $N(\mu, \sigma^2)$ ならば

$P(\mu - \sigma \leq x \leq \mu + \sigma)$
$= P\left(-1 \leq \dfrac{x-\mu}{\sigma} \leq 1\right)$
$= I(-1) - I(1) = 0.6826$

すなわち約 68 % の確率で $\mu - \sigma \leq x \leq \mu + \sigma$ が成り立つ．

$P(\mu - 2\sigma \leq x \leq \mu + 2\sigma)$
$= P\left(-2 \leq \dfrac{x-\mu}{\sigma} \leq 2\right)$

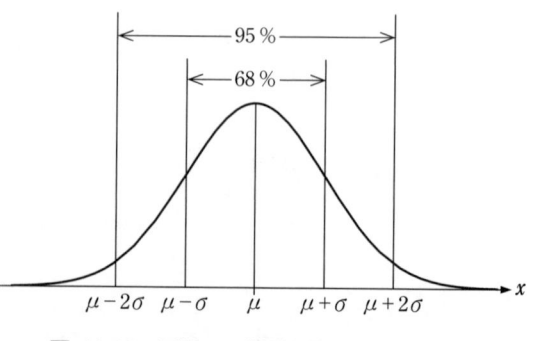

図 10.18　平均 μ，標準偏差 σ と正規分布.

$= I(-2) - I(2) = 0.9544$

すなわち約 95 % の確率で $\mu - 2\sigma \leqq x \leqq \mu + 2\sigma$ が成り立つ.

練習問題 10

1. 密度関数 $f(x)$ が右図のとき，公式 10.1 を用いて確率を求めよ.

 (1) $P(-1 \leqq x \leqq 0)$

 (2) $P(0 \leqq x \leqq 1)$

 (3) $P(1 \leqq x \leqq 2)$

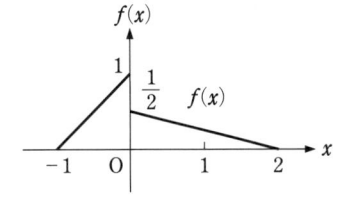

 (4) $P\left(|x| \leqq \dfrac{1}{2}\right)$

2. 確率変数 x が標準正規分布 $N(0,1)$ のとき，公式 10.2 を用いて確率を求めよ.

 (1) $P(1.5 \leqq x)$ (2) $P(x \leqq -0.5)$

 (3) $P(|x| \leqq 0.5)$ (4) $P(2.5 \leqq |x|)$

3. 確率変数 x が正規分布 $N(1,4)$ のとき，公式 10.3 を用いて確率を求めよ.

 (1) $P(x \leqq -2.0)$ (2) $P(-3.0 \leqq x \leqq 4.0)$

 (3) $P(|x-1| \leqq 4.0)$ (4) $P(2.0 \leqq |x-1|)$

解答

問 10.1 (1) $\dfrac{1}{4}$ (2) $\dfrac{1}{2}$ (3) $\dfrac{3}{4}$ (4) $\dfrac{1}{2}$

問 10.2 (1) 0.9772 (2) 0.8413 (3) 0.8185 (4) 0.1336

問 10.3 (1) 0.8413 (2) 0.6687 (3) 0.6826 (4) 0.1336

練習問題 10

1. (1) $\dfrac{1}{2}$ (2) $\dfrac{3}{8}$ (3) $\dfrac{1}{8}$ (4) $\dfrac{19}{32}$

2. (1) 0.0668 (2) 0.3085 (3) 0.3830 (4) 0.0124

3. (1) 0.0668 (2) 0.9104 (3) 0.9544 (4) 0.3174

§11 標本と推定

集団の性質を知るには集団全体を調べるのが理想的だが，現実には労力や時間やお金がかかる．ここでは集団から一部を取り出して標本を作り，その性質を調べる．さらに得られた標本から集団の傾向を探る．

11.1 母集団と標本

集団の中から一部を取り出して調査する方法を考える．

ある集団の傾向を調査するには全部を調べる方法（**全数調査**）と一部を取り出して調べる方法（**標本調査**）がある．

例1 全数調査と標本調査を挙げる．

(1) 全数調査

　　選挙，国勢調査，学校や職場での健康診断など．

(2) 標本調査

　　世論調査，視聴率調査，選挙の出口調査，製品の破壊試験など．

集団（**母集団**）の全数調査が困難または不可能な場合は，集団の一部（**標本**）を取り出して（**抽出**），標本調査を行う．そして得られた資料から母集団の傾向（平均や分散など）を推測する（**統計的推測**）．母集団の平均（**母平均**）を μ，分散（**母分散**）を σ^2，標準偏差（**母標準偏差**）を σ と表す．また標本 x の平均（**標本平均**）を $\bar{x}$，分散（**標本分散**）を s^2，標準偏差（**標本標準偏差**）を s と書く．

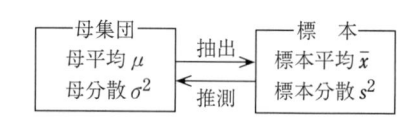

図 11.1 母集団と標本．

注意 母集団数が標本数の 10 倍未満の場合は復元抽出と非復元抽出を区別するが，ここでは母集団数が十分に大きいとして両者を区別しない．

● 無作為抽出

標本の選び方を考える．

集団から標本を選ぶときは偏りが生じないように公平に選ぶ（**無作為抽出**）．このときはしばしば**乱数表**を用いる．

乱数表には 00 から 99 までの数字が同じ確率 $\dfrac{1}{100}$ で並んでいる．乱数表自身を母集団と考えると，母平均 μ，母分散 σ^2 は公式 8.1, 8.5 より

$$\mu = 0 \times \frac{1}{100} + 1 \times \frac{1}{100} + \cdots + 99 \times \frac{1}{100} = 49.5$$

$$\sigma^2 = 0^2 \times \frac{1}{100} + 1^2 \times \frac{1}{100} + \cdots + 99^2 \times \frac{1}{100} - 49.5^2 = 833.25$$

例題 11.1 乱数表から 10 個の標本を 4 回選んで,標本平均 $\bar{x}$,$\bar{x}$ の平均,$\bar{x}$ の分散を求めよ.

解 乱数表から選んだ 4 組の標本の平均 $\bar{x}$ を計算し,4 つの標本平均 $\bar{x}$ の平均と分散を求める.

表 11.1 乱数表から 10 個の標本を 4 回選ぶ.

No.	1	2	3	4	5	6	7	8	9	10	$\bar{x}$
1回	60	40	95	10	04	28	34	46	74	24	41.5
2回	27	60	16	59	05	94	19	66	19	23	38.8
3回	21	13	89	18	03	54	96	90	71	16	47.1
4回	12	64	77	83	05	85	58	86	91	65	62.6

・$\bar{x}$ の平均
$$\frac{1}{4}(41.5+38.8+47.1+62.6) = 47.50$$

・$\bar{x}$ の分散
$$\frac{1}{4}(41.5^2+38.8^2+47.1^2+62.6^2)-47.50^2 = 84.97$$

問 11.1 巻末の乱数表から 10 個の標本を 4 回選んで,標本平均 $\bar{x}$,$\bar{x}$ の平均,$\bar{x}$ の分散を求めよ.

11.2 標本平均の分布

標本平均がどのような分布をしているか調べる.

例題 11.1 で見たように標本平均 $\bar{x}$ の平均はおよそ母平均 μ に等しく,標本平均 $\bar{x}$ の分散は母分散 σ^2 よりもかなり小さくなる.実は次が成り立つ.

公式 11.1 標本平均の平均と分散

母平均が μ,母分散が σ^2 のとき,n 個の標本を取り出す.標本平均 $\bar{x}$ の平均 $E(\bar{x})$ と分散 $V(\bar{x})$ は

(1) $E(\bar{x}) = \mu$ (2) $V(\bar{x}) = \dfrac{\sigma^2}{n}$

解説 (1)では標本平均 $\bar{x}$ の平均 $E(\bar{x})$ が母平均 μ に等しくなる.(2)では標本平均 $\bar{x}$ の分散 $V(\bar{x})$ が母分散 σ^2 の $\dfrac{1}{n}$ 倍になる.

例題 11.2 袋の中に 1,2,3,4,5 の数字を書いた多数の玉が入っている.分布が表 11.2 のとき,100 個の玉(標本)を取り出す.公式 11.1 を用いて平均 $E(\bar{x})$ と分散 $V(\bar{x})$ を求めよ.

表 11.2 玉の分布.

x	1	2	3	4	5	計
$P(x)$	0.1	0.2	0.4	0.2	0.1	1.0

解 資料から公式 8.1,8.5 を用いて母平均 μ,母分散 σ^2 を求め,$E(\bar{x})$,

$V(\bar{x})$ を計算する．

$$\mu = 1\times0.1+2\times0.2+3\times0.4+4\times0.2+5\times0.1 = 3.0$$
$$\sigma^2 = 1^2\times0.1+2^2\times0.2+3^2\times0.4+4^2\times0.2+5^2\times0.1-3.0^2 = 1.2$$
$$E(\bar{x}) = 3.0, \quad V(\bar{x}) = \frac{1.2}{100} = 0.012$$

問 11.2 母集団の分布が表のとき，100 個の標本を取り出す．公式 11.1 を用いて平均 $E(\bar{x})$, $E(\bar{y})$ と分散 $V(\bar{x})$, $V(\bar{y})$ を求めよ．

(1)
x	1	2	3	4	5	計
$P(x)$	0.4	0.2	0.2	0.1	0.1	1.0

(2)
y	1	2	3	4	5	計
$P(y)$	0.1	0.3	0.1	0.4	0.1	1.0

標本数が多いときは，さらに次の中心極限定理が成り立つ．

公式 11.2 標本平均の分布と正規分布，中心極限定理
母平均が μ，母分散が σ^2 のとき，n 個の標本を取り出す．母集団がどの分布でも標本数 n が大きい（ほぼ $n \geq 30$）ならば，標本平均 $\bar{x}$ は正規分布 $N\left(\mu, \dfrac{\sigma^2}{n}\right)$ とみなせる．

解説 標本数を増やせば標本平均は正規分布に近づく．

例題 11.3 公式 11.2 を用いて例題 11.2 の標本平均 $\bar{x}$ に関する確率を求めよ．
(1) $P(3.1 \leq \bar{x})$ (2) $P(\bar{x} \leq 2.8)$

解 平均 $E(\bar{x}) = 3.0$, 分散 $V(\bar{x}) = 0.012$ より標本平均 $\bar{x}$ は正規分布 $N(3.0, 0.012)$ とみなせる．$\bar{x}$ の式を $z = \dfrac{\bar{x}-3.0}{\sqrt{0.012}}$ の式に直してから正規分布表 (p.86, 87) を用いて確率を計算する．

(1) $P(3.1 \leq \bar{x}) = P\left(\dfrac{3.1-3.0}{\sqrt{0.012}} \leq z\right) = P(0.91 \leq z)$
$\qquad\qquad\qquad = I(0.91) = 0.1814$

(2) $P(\bar{x} \leq 2.8) = P\left(z \leq \dfrac{2.8-3.0}{\sqrt{0.012}}\right) = P(z \leq -1.83)$
$\qquad\qquad\qquad = I(-\infty) - I(-1.83) = 1 - 0.9664 = 0.0336$

問 11.3 公式 11.2 を用いて問 11.2 の標本平均 $\bar{x}$, $\bar{y}$ に関する確率を求めよ．
(1) $P(2.6 \leq \bar{x})$ (2) $P(2.1 \leq \bar{x} \leq 2.4)$
(3) $P(\bar{y} \leq 2.9)$ (4) $P(\bar{y} \leq 3.0 \cup 3.2 \leq \bar{y})$

11.3 点推定と区間推定

母集団から標本を取り出して調査し，母平均などを推定する．

得られた標本から推定値を示すには1つの数値を与える方法（**点推定**）と幅を持たせて区間を与える方法（**区間推定**）がある．

例 2 点推定と区間推定を比べる．

ある製品の平均寿命 μ を推定する．100 個の製品で破壊試験を行うと平均寿命が 1980 時間，標準偏差が 200 時間であった．

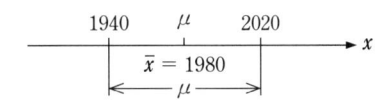

(1) 点推定では $\mu = 1980$（時間）と推定する．
(2) 区間推定では $1940 \leq \mu \leq 2020$ と推定する．

図 11.2 点推定と区間推定．

[注意] 母平均 μ の近くに標本平均 $\bar{x}$ が来ると考えられるので，区間の中心を $\bar{x}$ にする．

ここでは区間推定を取り上げ，標本を用いて区間を求める方法を考える．

区間推定では未知の数値がある確率（**信頼度**，信頼係数）で，ある区間（**信頼区間**）に入ると推定する．

信頼区間を狭くすれば推定の精度は上がるが信頼度は低くなる．信頼区間を広くすれば信頼度は高くなるが推定の精度は下がる．そこで実際には信頼度を 90 %，95 %，99 % などとして信頼区間を求める．

11.4 母平均の推定

母集団から取り出した標本を用いて母平均を推定する．ただし，標本数は 30 以上とする．

母平均が μ，母分散が σ^2 のとき，n 個（$n \geq 30$）の標本を取り出す．標本平均 $\bar{x}$ は公式 11.2 より正規分布 $N\left(\mu, \dfrac{\sigma^2}{n}\right)$ とみなせ，確率変数 $z = \dfrac{\bar{x} - \mu}{\dfrac{\sigma}{\sqrt{n}}}$ は標準正規分布 $N(0,1)$ とみなせる．

例 3 信頼度 95 % で母平均の信頼区間を求める．

標本数が $n \geq 30$ のとき，信頼度 95 % の母平均 μ の信頼区間を z の式で表して $-c \leq z \leq c$ とすると

$P(-c \leq z \leq c) = 0.95$

$P(c \leq z) = \dfrac{1 - 0.95}{2}$

$I(c) = 0.025$

正規分布表から $c = 1.96$ となり

$-1.96 \leq z \leq 1.96$

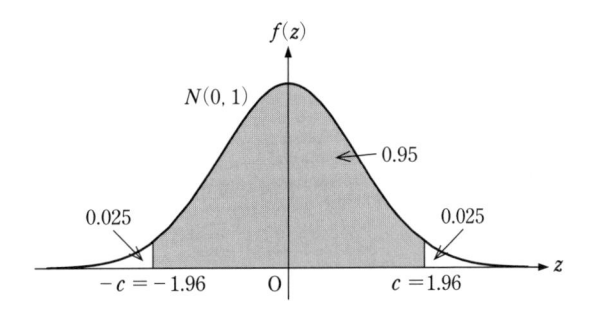

図 11.3 信頼度 95% の信頼区間．

標本平均 $\bar{x}$ の式に直すと,母平均 μ の信頼区間は

$$-1.96 \leq \frac{\bar{x}-\mu}{\frac{\sigma}{\sqrt{n}}} \leq 1.96$$

$$\bar{x}-1.96\times\frac{\sigma}{\sqrt{n}} \leq \mu \leq \bar{x}+1.96\times\frac{\sigma}{\sqrt{n}}$$

実際には母分散 σ^2 はわからないことが多いので,標本数 n が大きい($n \geq 30$)ときは代わりに標本分散 s^2 を使う.これより次が成り立つ.

公式 11.3 母平均の推定

母集団から n 個($n \geq 30$)の標本を取り出し,平均が $\bar{x}$,分散が s^2 とする.表 11.3 より信頼度 α に対して数値 c を決める.母平均 μ の信頼区間は

$$\bar{x}-c\times\frac{s}{\sqrt{n}} \leq \mu \leq \bar{x}+c\times\frac{s}{\sqrt{n}}$$

表 11.3 信頼度に対する c の値.

信頼度	c
0.90	1.64
0.95	1.96
0.99	2.58

[解説] 信頼度 α に応じて正規分布表から数値 c を求め,標本数 n,標本平均 $\bar{x}$,標本標準偏差 s より信頼区間を計算する.

例題 11.4 公式 11.3 を用いて母平均 μ を推定せよ.
 100 個の製品の寿命を調べると,平均が 1980 時間,標準偏差が 200 時間であった.製品の平均寿命 μ を信頼度 95 % で求めよ.

[解] 標本数 $n = 100$,標本平均 $\bar{x} = 1980$,標本標準偏差 $s = 200$,信頼度 $\alpha = 0.95$ より表 11.3 から数値 $c = 1.96$ となる.これより信頼区間を計算する.

$$1980-1.96\times\frac{200}{\sqrt{100}} \leq \mu \leq 1980+1.96\times\frac{200}{\sqrt{100}}$$

$$1940 \leq \mu \leq 2020$$

平均寿命 μ は 1940 時間以上 2020 時間以下である.

問 11.4 公式 11.3 を用いて母平均 μ を推定せよ.
(1) 120 個の製品の重さを調べると,平均が 10.10 g,標準偏差が 1.42 g であった.製品の重さの平均 μ を信頼度 90 % で求めよ.
(2) 200 人の女性の寿命を調べると,平均が 85.4 歳,標準偏差が 9.26 歳であった.女性の平均寿命 μ を信頼度 99 % で求めよ.

[注意1] 母集団での確率(比率)を推定するときも正規分布を用いる.標本数 n が小さい($n < 30$)場合は,標本分散として次を用いる.

$$\hat{s}^2 = \frac{n}{n-1}s^2 = \frac{1}{n-1}\{(x_1-\bar{x})^2+(x_2-\bar{x})^2+\cdots+(x_n-\bar{x})^2\}$$

そして母集団が正規分布ならば，t 分布を使って母平均を推定する．また，χ^2（カイ2乗）分布を使って母分散を推定する．

[注意2] 上とは逆に信頼区間の幅から標本数を決めることもできる．区間の幅を狭くして推定の精度を上げるには標本数を大きくする．

練習問題 11

1. 巻末の乱数表から 20 個の標本を 4 回選んで標本平均 $\bar{x}$，$\bar{x}$ の平均，$\bar{x}$ の分散を求めよ．

2. 母集団の分布が表のとき，100 個の標本を取り出す．公式 11.1 を用いて平均 $E(\bar{x})$，$E(\bar{y})$ と分散 $V(\bar{x})$，$V(\bar{y})$ を求めよ．

(1)

x	1	2	3	4	5	計
$P(x)$	0.3	0.4	0.2	0.1	0.0	1.0

(2)

y	1	2	3	4	5	計
$P(y)$	0.3	0.2	0.0	0.1	0.4	1.0

3. 公式 11.2 を用いて問題 **2** の標本平均 $\bar{x}$，$\bar{y}$ に関する確率を求めよ．
  (1) $P(1.9 \leqq \bar{x})$ (2) $P(2.0 \leqq \bar{x} \leqq 2.2)$
  (3) $P(\bar{y} \leqq 3.3)$ (4) $P(\bar{y} \leqq 2.8 \cup 3.2 \leqq \bar{y})$

4. 公式 11.3 を用いて母平均 μ を推定せよ．
  (1) 50 人の男子学生の身長を調べると，平均が 171 cm，標準偏差が 7.04 cm であった．男子学生の身長の平均 μ を信頼度 90 % で求めよ．
  (2) 最近 80 年間のある地点の気温を調べると，平均が 12.5 ℃，標準偏差が 2.74 ℃ であった．気温の平均 μ を信頼度 95 % で求めよ．
  (3) 150 個の食品の賞味期間を調べると，平均が 6.54 日，標準偏差が 1.47 日であった．食品の賞味期間の平均 μ を信頼度 99 % で求めよ．

解答

問 11.1 略
問 11.2 (1) $E(\bar{x}) = 2.3$,　$V(\bar{x}) = 0.0181$
　　　　(2) $E(\bar{y}) = 3.1$,　$V(\bar{y}) = 0.0149$
問 11.3 (1) 0.0129　(2) 0.7023　(3) 0.0505　(4) 0.4122
問 11.4 (1) $9.89 \leqq \mu \leqq 10.31$　(2) $83.7 \leqq \mu \leqq 87.1$

練習問題 11

1. 略
2. (1) $E(\bar{x}) = 2.1$,　$V(\bar{x}) = 0.0089$
　　　(2) $E(\bar{y}) = 3.1$,　$V(\bar{y}) = 0.0309$
3. (1) 0.9830　(2) 0.7108　(3) 0.8729　(4) 0.3279
4. (1) $169 \leqq \mu \leqq 173$　(2) $11.9 \leqq \mu \leqq 13.1$　(3) $6.23 \leqq \mu \leqq 6.85$

§12 仮説と検定

§11 では標本を用いて母集団の性質を推定した．ここでは標本を用いて母集団の性質を検証する方法を考える．

12.1 仮説の検定

母集団から標本を取り出して調査し，母平均などを検証する．

[例1] 仮定を検証する．

A 農園でとれるりんごの重さは図 12.1 の分布をしている．平均 μ は 300 g で 250 g 以下は 5 ％，210 g 以下は 1 ％である．

店で A 農園産のりんごを買うと 240 g であった．りんごが軽くなったか検証するために 2 つの仮定をおく．

$H_0 : \mu = 300$ つまり重さは変化していない．

$H_1 : \mu < 300$ つまり軽くなった．

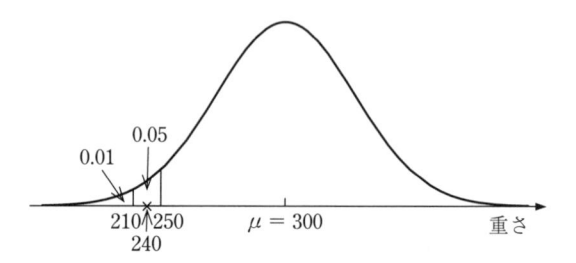

図 12.1 りんごの重さの分布．

もしも仮定 H_0 が正しいならば，これは確率 5 ％以下の珍しい現象が起きたことになる．しかし統計では，まれな現象が実際に起きたときは仮定 H_0 に疑いをかけて，実は仮定 H_1 が正しいのではないかと考える．

上では判定の規準として 5 ％という確率を用いた．もしも 1 ％（210 g）以下ならば仮定 H_0 を疑うことにすると，買ったりんごは 240 g なので H_0 を疑えないことになる．つまり，りんごが軽くなったとは言えない． ∎

調査資料から仮定（仮説）の正誤を判断することを仮説の **検定** という．その手順は以下の通りである．

(1) 検証したいことについて 2 つの仮説（**検定仮説** $H_0 : \mu = \mu_0$ と **対立仮説** $H_1 : \mu > \mu_0$ または $\mu < \mu_0$ または $\mu \neq \mu_0$）を立てる．

(2) 判定の規準すなわち検定仮説を認める範囲（**採択域**）と捨てる範囲（**棄却域**），およびその確率（**有意水準**）を決める．

(3) 標本を取り出して調べ，それが採択域に入る（**有意でない**）ならば検定仮説を認め，棄却域に入る（**有意である**）ならば捨てる．

[注意1] 仮説の数値 μ_0 からかけ離れた標本 x が得られたら，仮説は疑わしくなるので棄却域は右端や左端におく．

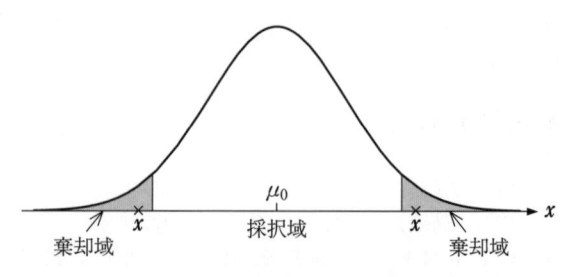

図 12.2 棄却域と採択域．

注意2 仮説を捨てるときは仮説をはっきり否定できるが，認めるときは仮説が正しいわけではない．例1では有意水準が1％ならば仮説 H_0 を捨てられないが，重さが変化していないとまではいえない．つまり仮説は捨てるときに意味があるので帰無仮説ともいう．

12.2 検定の誤りと棄却域

仮説の検定で起こり得る2種類の誤りと棄却域について調べる．

仮説が正しいのに捨ててしまう誤りを**第1種の誤り**という．また，仮説が間違っているのに認めてしまう誤りを**第2種の誤り**という．

棄却域を広くすると仮説を捨て過ぎになり，第1種の誤りが増える．棄却域を狭くすると仮説を捨てにくくなり，第2種の誤りが増える．

実際には有意水準を1％や5％などとする．そして対立仮説の選び方によって以下のように棄却域の形を決める．

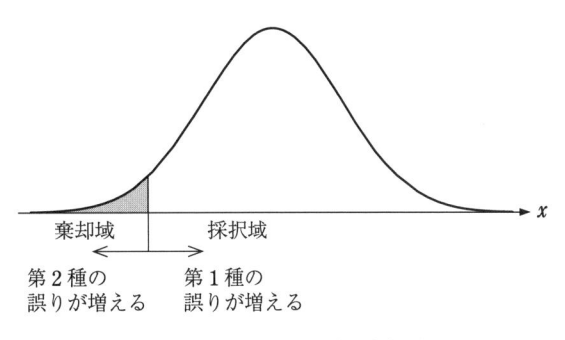

図 12.3 検定の誤りと棄却域．

公式 12.1 検定での棄却域

検定仮説 $H_0 : \mu = \mu_0$ と対立仮説 $H_1 : \mu > \mu_0,\ \mu < \mu_0,\ \mu \neq \mu_0$ を有意水準 α で検定するには，棄却域を次のように決める．

(1) $H_1 : \mu > \mu_0$ ならば棄却域を右側におく（**右側検定**）．
$$P(c \leq x) = \alpha$$
として $c \leq x$

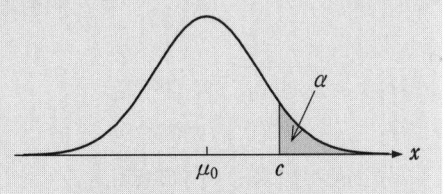

図 12.4 右側検定の棄却域．

(2) $H_1 : \mu < \mu_0$ ならば棄却域を左側におく（**左側検定**）．
$$P(x \leq c) = \alpha$$
として $x \leq c$

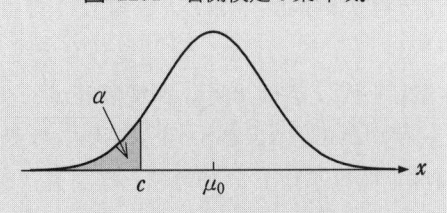

図 12.5 左側検定の棄却域．

(3) $H_1 : \mu \neq \mu_0$ ならば棄却域を両側におく（**両側検定**）．
$$P(x \leq c_1) = P(c_2 \leq x) = \frac{\alpha}{2}$$
として $x \leq c_1,\ c_2 \leq x$

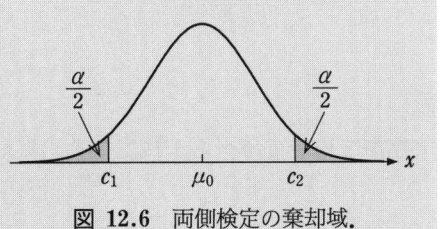

図 12.6 両側検定の棄却域．

[解説] (1)〜(3)では対立仮説で予想される側に棄却域をおく．数値 c や c_1, c_2 は有意水準 α から求める．

[注意] 右側検定と左側検定をまとめて片側検定という．$\mu > \mu_0$ と $\mu < \mu_0$ の両方の可能性がある場合は両側検定を用いる．棄却域の決め方を間違えると第2種の誤りが増える．

> **例題 12.1** 検定仮説 H_0 と対立仮説 H_1 を求め，公式 12.1 を用いて母平均 μ の検定方法を選べ．
> (1) B農園でとれるみかんの直径は平均 μ が 11.3 cm, 標準偏差が 4.67 cm である．50個を調べると，平均が 12.5 cm であった．平均 μ は大きくなったか．
> (2) ある製品の平均寿命 μ は 3000 時間，標準偏差が 158 時間である．工程を変えた後に 40 個を調べると，平均が 2950 時間であった．平均 μ は短くなったか．
> (3) ある地点の平均気温 μ は 10.2 ℃, 標準偏差が 1.20 ℃ である．最近の 30 年間を調べると，平均が 10.7 ℃ であった．平均 μ は変化したか．

[解] 母平均 μ に関する説明から仮説と検定方法を選ぶ．たとえば，増える，大きくなる，… は右側検定，減る，小さくなる，… は左側検定，変化する，異なる，… は両側検定とする．

(1) $H_0 : \mu = 11.3,$ $H_1 : \mu > 11.3,$ 右側検定
(2) $H_0 : \mu = 3000,$ $H_1 : \mu < 3000,$ 左側検定
(3) $H_0 : \mu = 10.2,$ $H_1 : \mu \neq 10.2,$ 両側検定

> **問 12.1** 検定仮説 H_0 と対立仮説 H_1 を求め，公式 12.1 を用いて母平均 μ の検定方法を選べ．
> (1) 男子生徒の体重は平均 μ が 69.0 kg, 標準偏差が 8.85 kg である．70 人を調べると，平均が 67.2 kg であった．平均 μ は変化したか．
> (2) ある食品の賞味期間は平均 μ が 10.0 日, 標準偏差が 1.82 日である．90 個を調べると，平均が 9.53 日であった．平均 μ は短くなったか．

12.3 母平均の検定

母集団から取り出した標本を用いて母平均を検定する．ただし，標本数は 30 以上とする．

母平均が μ, 母分散が σ^2 のとき，n 個 ($n \geq 30$) の標本を取り出す．標本

平均 $\bar{x}$ は公式 11.2 より正規分布 $N\left(\mu, \dfrac{\sigma^2}{n}\right)$ とみなせ，確率変数 $z = \dfrac{\bar{x} - \mu}{\dfrac{\sigma}{\sqrt{n}}}$

は標準正規分布 $N(0,1)$ とみなせる．

このとき次の方法を使う．

> **公式 12.2 母平均の検定**
>
> 母集団から n 個（$n \geqq 30$）の標本を取り出し，平均が $\bar{x}$，母分散が σ^2（不明ならば標本分散 s^2 で代用）とする．母平均 μ の
>
> 検定仮説 $H_0 : \mu = \mu_0$，対立仮説 $H_1 : \begin{cases} \mu > \mu_0, \ 右側検定 \\ \mu < \mu_0, \ 左側検定 \\ \mu \neq \mu_0, \ 両側検定 \end{cases}$
>
> これを有意水準 α で検定する手順は以下の通りである．
>
> (1) 対立仮説 H_1 と検定方法を選ぶ．
>
> (2) 式 $z = \dfrac{\bar{x} - \mu_0}{\dfrac{\sigma}{\sqrt{n}}}$ の値を計算する．
>
> (3) 表 12.1 より有意水準 α に応じて棄却域を決める．z の値が棄却域に入る（有意である）ならば仮説 H_0 を捨てる．z の値が棄却域に入らない（有意でない）ならば仮説 H_0 を認める．
>
> **表 12.1** 有意水準に対する棄却域．
>
> | 有意水準 | 右側検定 | 左側検定 | 両側検定 | |
> | --- | --- | --- | --- | --- |
> | 0.01 | $2.33 \leqq z$ | $z \leqq -2.33$ | $z \leqq -2.58,$ | $2.58 \leqq z$ |
> | 0.05 | $1.64 \leqq z$ | $z \leqq -1.64$ | $z \leqq -1.96,$ | $1.96 \leqq z$ |

[解説] 仮説を立ててから (1)〜(3) の手順に従って計算すれば，有意かどうか判定できる．

> **例題 12.2** 公式 12.2 を用いて例題 12.1(1) の母平均 μ を有意水準 5 % で検定せよ．

[解] 対立仮説と検定方法，母平均 $\mu_0 = 11.3$，標準偏差 $\sigma = 4.67$，標本数 $n = 50$，有意水準 $\alpha = 0.05$ より棄却域を決める．そして標本平均 $\bar{x} = 12.5$ を用いて有意かどうか判定する．例題 12.1 より

$H_0 : \mu = 11.3, \quad H_1 : \mu > 11.3,$ 右側検定

$$z = \frac{12.5 - 11.3}{\dfrac{4.67}{\sqrt{50}}} = 1.82$$

棄却域は $1.64 \leqq z$ なので有意である．よって直径の平均 μ は大きくなった．

問 12.2 公式 12.2 を用いて問 12.1 の母平均 μ を有意水準で検定せよ.
 (1) 5％ (2) 1％

[注意] この他にもいろいろな検定がある.主な検定と分布の関係をここに書く.
 (1) 母平均（母集団が正規分布, 母分散が不明, 標本数が 30 未満）は t 分布を用いる.
 (2) 母集団での比率（標本数が 30 以上）は正規分布を用いる.
 (3) 母平均の差（2 つの母集団の平均が一致するか）は正規分布を用いる.
 (4) 母集団での比率の差（2 つの母集団での比率が一致するか）は 2 項分布や正規分布を用いる.
 (5) 母分散（母集団が正規分布）は χ^2（カイ 2 乗）分布を用いる.
 (6) 母分散の比（2 つの母集団が正規分布, 分散が一致するか）は F 分布を用いる.
 (7) 分布のあてはまりは χ^2 分布を用いる.
 (8) 分布の独立は χ^2 分布を用いる.

練習問題 12

1. 検定仮説 H_0 と対立仮説 H_1 を求め, 公式 12.1 を用いて母平均 μ の検定方法を選べ.
 (1) ある科目の試験は平均 μ が 62.8 点, 標準偏差が 20.3 点である. 40 人を調べると, 平均が 58.5 点であった. 平均 μ は下ったか.
 (2) ある週刊誌の発行部数は平均 μ が 90.7 万部, 標準偏差が 25.4 万部である. 最近の 80 週間を調べると, 平均が 96.8 万部であった. 平均 μ は増えたか.
 (3) ある地点の年間降水量は平均 μ が 512 mm, 標準偏差が 106 mm である. 最近の 60 年間を調べると, 平均が 469 mm であった. 平均 μ は変化したか.

2. 公式 12.2 を用いて問題 **1** の母平均 μ を有意水準で検定せよ.
 (1) 5％ (2) 1％ (3) 1％

[解答]
問 12.1 (1) 両側検定 (2) 左側検定
問 12.2 (1) $z = -1.70$, 有意でない (2) $z = -2.45$, 有意である

練習問題 12
1. (1) 左側検定 (2) 右側検定 (3) 両側検定
2. (1) $z = -1.34$, 有意でない (2) $z = 2.15$, 有意でない
  (3) $z = -3.14$, 有意である

§13 近似値と誤差

実験や観測，計算機で得られる数値は誤差を含むので手を加えてから利用する．ここでは誤差を含む数値の扱い方や計算法について調べる．

13.1 近似値と誤差

測定値や電卓の計算に含まれる誤差を考える．

現実には誤りなく正確に測定や計算をするのは不可能である．そこで本当の値（**真の値**）に近い値（**近似値**）を求めて代用する．近似値 x と真の値 x_0 の差を**誤差** Δx という．すなわち

$$\Delta x = x - x_0 \quad \text{または} \quad x = x_0 + \Delta x$$

近似値は真の値のある桁を四捨五入，切り捨てまたは切り上げして求めることが多い．ここでは主に四捨五入を用いる．

例 1 真の値から近似値と誤差を求める．

(1) 四捨五入

$$\pi = 3.14\cdots \quad \text{ならば} \quad \pi \fallingdotseq 3.1, \quad 3.05 \leq \pi < 3.15$$
$$|\Delta x| = |3.1 - \pi| \leq 0.05$$

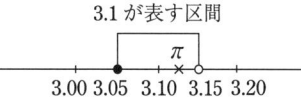

図 13.1 四捨五入と誤差．
● は区間に含まれる．
○ は区間に含まれない．

(2) 切り捨て

$$\pi = 3.14\cdots \quad \text{ならば} \quad \pi \fallingdotseq 3.1, \quad 3.10 \leq \pi < 3.20$$
$$|\Delta x| = |3.1 - \pi| \leq 0.1$$

図 13.2 切り捨てと誤差．

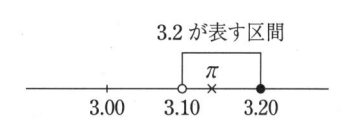

(3) 切り上げ

$$\pi = 3.14\cdots \quad \text{ならば} \quad \pi \fallingdotseq 3.2, \quad 3.10 < \pi \leq 3.20$$
$$|\Delta x| = |3.2 - \pi| \leq 0.1$$

図 13.3 切り上げと誤差．

13.2 有効数字

近似値の表し方と計算法について調べる．

近似値ではどの桁まで信頼できるか明らかにするために特殊な書き方をすることがある．信頼できる桁の数字（四捨五入などした桁より上の数字）を**有効数字**，その桁数を**有効桁数**といい，正式には $a \times 10^n \, (1 \leq a < 10)$ と表す．

例 2 近似値の 3 桁の有効数字を ▨ で表す．

(1) $\pi \fallingdotseq 3.14$

(2) $10\pi \fallingdotseq 31.4 = 3.14 \times 10$

(3) $1000\pi \fallingdotseq 3140 = 3.14 \times 10^3$

(4) $\dfrac{\pi}{100} \fallingdotseq 0.0314 = 3.14 \times 10^{-2}$

[注意] 近似値では末位の 0 に気をつける．3.1 の有効桁数は 2 桁，3.10 は 3 桁である．$1000\pi \fallingdotseq 3140$ では有効桁数がわからないので 3.14×10^3 と書く．

● 近似値の計算

近似値を用いて計算したときの有効数字を考える．

[例 3] 近似値の計算で有効数字を調べる．

(1) 加法，減法
$$1.35 + 2.765 - 3.4 = 0.715$$
下 2 桁は信頼できないので答の末位を 3.4 にそろえる．
$$1.35 + 2.765 - 3.4 \fallingdotseq 0.7$$

(2) 乗法，除法
$$0.13 \times 2.75 = 0.3575$$
下 2 桁は信頼できないので答の桁数を 0.13 にそろえる．
$$0.13 \times 2.75 \fallingdotseq 0.36$$

以上をまとめておく．

> **公式 13.1 近似値の計算法**
> 近似値の加減法では答の末位を最少の小数位にそろえる．近似値の乗除法では答の有効桁数を最少の桁数にそろえる．

[解説] 近似値の計算では加減法と乗除法の 2 種類があるので必ず使い分ける．

> **例題 13.1** 公式 13.1 を用いて近似値を求めよ．
> (1) $3.75 + 1.214 - 0.546$ (2) $2.253 \times 1.36 \div 0.43$
> (3) $1.35 \times 10^2 + 3.11 \times 10^3$ (4) $\sqrt{6.124 \times 4.03}$

[解] 近似値の加減法と乗除法を使い分けて電卓で計算する．平方根 $\sqrt{}$ では乗除法を用いる．

(1) $3.75 + 1.214 - 0.546 = 4.418 \fallingdotseq 4.42$
(2) $2.253 \times 1.36 \div 0.43 = 7.12\cdots \fallingdotseq 7.1$
(3) $1.35 \times 10^2 + 3.11 \times 10^3 = 0.135 \times 10^3 + 3.11 \times 10^3 = 3.245 \times 10^3 \fallingdotseq 3.25 \times 10^3$
(4) $\sqrt{6.124 \times 4.03} = 4.967\cdots \fallingdotseq 4.97$

> **問 13.1** 公式 13.1 を用いて近似値を求めよ．
> (1) $8.34 - 11.6 + 6.725$ (2) $2.43 \div 0.56 \times 5.013$
> (3) $7.12 \times 1.514 - 5.28$ (4) $\sqrt{12.54} + \sqrt{7.215}$

13.3 直接測定での真の値の推定

測定で得た数値から真の値を推定する．ただし，測定回数は30以上とする．

近似値 x や誤差 $\Delta x = x - x_0$ は確率変数で正規分布になる．近似値は真の値を中心に分布するので，近似値 x の平均は真の値 x_0，誤差 Δx の平均は 0 になる．公式 8.6 より，近似値 x の分散は $V(x) = V(x_0 + \Delta x) = V(\Delta x)$ となる．以上をまとめておく．

公式 13.2 近似値と誤差の平均と分散

真の値 x_0 の近似値 x と誤差 Δx は正規分布になり，次が成り立つ．

(1) $E(x) = x_0$
(2) $E(\Delta x) = 0$
(3) $V(x) = V(\Delta x)$

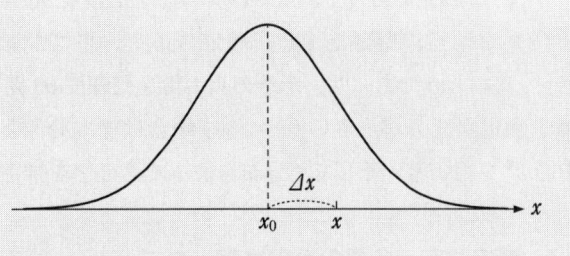

図 13.4 近似値 x や誤差 Δx は正規分布になる．

[解説] (1)では近似値 x は正規分布になり，平均が真の値 x_0 になる．(2)では誤差 Δx は正規分布になり，平均が 0 になる．(3)では近似値 x と誤差 Δx の分散が等しくなる．

真の値 x_0 はすべての近似値 x の平均（母平均）になるが，求めるのは困難である．そこで実際には一部の近似値（標本）を測定し，（標本）平均 $\bar{x}$ と（標本）分散 s^2 を求めて真の値 x_0 を推定する．公式 11.3 より次が成り立つ．

公式 13.3 真の値の推定

n 回 ($n \geq 30$) 測定して，近似値の平均が $\bar{x}$，分散が s^2 とする．表 13.1 より信頼度 α に対して数値 c を決める．真の値 x_0 の信頼区間は

$$\bar{x} - c \times \frac{s}{\sqrt{n}} \leq x_0 \leq \bar{x} + c \times \frac{s}{\sqrt{n}}$$

または

$$x_0 = \bar{x} \pm c \times \frac{s}{\sqrt{n}}$$

表 13.1 信頼度に対する c の値．

信頼度	c
0.90	1.64
0.95	1.96
0.99	2.58

[解説] 信頼度 α に応じて正規分布表から数値 c を求め，測定回数 n，近似値の平均 $\bar{x}$，近似値の標準偏差 s より真の値 x_0 の信頼区間を計算する．

例題 13.2 公式 13.3 を用いて真の値を推定せよ．

鉄パイプの直径を 100 回測定すると平均が 12.53 mm，標準偏差が 1.33 mm であった．直径の真の値を信頼度 95 % で求めよ．

[解] 測定回数 $n = 100$，近似値の平均 $\bar{x} = 12.53$，近似値の標準偏差 $s =$

1.33，信頼度 $a = 0.95$ より表 13.1 から数値 $c = 1.96$ となる．これより真の値 x_0 の信頼区間を計算する．

$$x_0 = 12.53 \pm 1.96 \times \frac{1.33}{\sqrt{100}} = 12.53 \pm 0.26 \, (\text{mm})$$

問 13.2 公式 13.3 を用いて真の値を推定せよ．
(1) 鉄球の重さを 120 回測定すると，平均が 11.56 kg，標準偏差が 0.754 kg であった．重さの真の値を信頼度 90 % で求めよ．
(2) 2 地点の距離を 200 回測定すると，平均が 45.75 km，標準偏差が 1.43 km であった．距離の真の値を信頼度 99 % で求めよ．

[注意] 測定回数 n が小さい（$n < 30$）場合は標本分散として例題 11.4 の注意 1 の $\hat{s}^2$ を用いる．そして t 分布を使って真の値を推定する．

13.4 間接測定での真の値の推定

面積や体積のように測定値から計算で求まる数量について，真の値を推定する．ただし，測定回数は 30 以上とする．

面積や体積の近似値 u から真の値 u_0 を求めると，公式 13.3 より

$$u_0 = \bar{u} \pm c \times \frac{s(u)}{\sqrt{n}}$$

近似値 u の平均 $\bar{u}$ や分散 $s^2(u)$ は次の方法で計算する．

公式 13.4 間接測定での平均と分散と標準偏差，k は定数
$u = k x^p y^q z^r$ ならば次が成り立つ．
(1) $\bar{u} = k \bar{x}^p \bar{y}^q \bar{z}^r$
(2) $s^2(u) = k^2 \bar{x}^{2p} \bar{y}^{2q} \bar{z}^{2r} \left(p^2 \dfrac{s^2(x)}{\bar{x}^2} + q^2 \dfrac{s^2(y)}{\bar{y}^2} + r^2 \dfrac{s^2(z)}{\bar{z}^2} \right)$
(3) $s(u) = |k \bar{x}^p \bar{y}^q \bar{z}^r| \sqrt{ p^2 \dfrac{s^2(x)}{\bar{x}^2} + q^2 \dfrac{s^2(y)}{\bar{y}^2} + r^2 \dfrac{s^2(z)}{\bar{z}^2} }$

[解説] (1)〜(3) では近似値の平均 $\bar{x}, \bar{y}, \bar{z}$ と分散 $s^2(x), s^2(y), s^2(z)$ から間接測定値 u の平均 $\bar{u}$ と分散 $s^2(u)$ と標準偏差 $s(u)$ を計算する．

例題 13.3 公式 13.4 を用いて平均 $\bar{u}$ と標準偏差 $s(u)$ を求めよ．
(1) $u = x^2$ (2) $u = x^2 y$

[解] 近似値 x, y より間接測定値 u の平均 $\bar{u}$ と標準偏差 $s(u)$ を計算する．
(1) $\bar{u} = \bar{x}^2$

$$s(u) = |\bar{x}^2| \sqrt{ 4 \frac{s^2(x)}{\bar{x}^2} } = 2|\bar{x}| s(x) \quad (\text{ただし，} \sqrt{\bar{x}^2} = |\bar{x}|)$$

(2) $\bar{u} = \bar{x}^2 \bar{y}$

$$s(u) = |\bar{x}^2 \bar{y}| \sqrt{4\frac{s^2(x)}{\bar{x}^2} + \frac{s^2(y)}{\bar{y}^2}}$$

問 13.3 公式 13.4 を用いて平均 $\bar{u}$ と標準偏差 $s(u)$ を求めよ．

(1) $u = x^3$ (2) $u = xy$

例題 13.4 例題 13.3 と公式 13.3, 13.4 を用いて真の値を推定せよ．
正四角柱（底面が正方形の角柱）の底面の一辺の長さ x と高さ y を 50 回測定すると，平均 $\bar{x}$ が 5.75 cm, $\bar{y}$ が 9.23 cm, 標準偏差 $s(x)$ が 0.123 cm, $s(y)$ が 0.225 cm であった．体積 $u = x^2 y$ の標準偏差 $s(u)$ と真の値 u_0 を信頼度 95 ％ で求めよ．

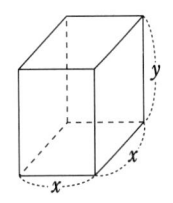

図 13.5 正四角柱の各辺と体積．

解 測定回数 $n = 50$，近似値の平均 $\bar{x} = 5.75$, $\bar{y} = 9.23$，近似値の標準偏差 $s(x) = 0.123$, $s(y) = 0.225$, 信頼度 $\alpha = 0.95$ より表 13.1 から数値 $c = 1.96$ となる．これより真の値の信頼区間を計算する．例題 13.3 (2) と公式 13.3 より

$$\bar{u} = 5.75^2 \times 9.23 = 305$$

$$s(u) = 5.75^2 \times 9.23 \times \sqrt{4 \times \frac{0.123^2}{5.75^2} + \frac{0.225^2}{9.23^2}} = 15.0$$

$$u_0 = 305 \pm 1.96 \times \frac{15.0}{\sqrt{50}} = 305 \pm 4 \text{ (cm}^3\text{)}$$

問 13.4 問 13.3 と公式 13.3, 13.4 を用いて真の値を推定せよ．

(1) 立方体の 1 辺の長さ x を 60 回測定すると，平均 $\bar{x}$ が 1.52 cm, 標準偏差 $s(x)$ が 0.136 cm であった．体積 x^3 の標準偏差と真の値を信頼度 90 ％ で求めよ．

(2) 長方形の 2 辺の長さ x, y を 150 回測定すると，平均 $\bar{x}$ が 4.25 cm, $\bar{y}$ が 6.72 cm, 標準偏差 $s(x)$ が 0.128 cm, $s(y)$ が 0.253 cm であった．面積 xy の標準偏差と真の値を信頼度 99 ％ で求めよ．

練習問題 13

1. 公式 13.1 を用いて近似値を求めよ．

(1) $0.135 \div 1.272 + 0.42$ (2) $(4.35 - 6.723) \times 11.43$
(3) $2.000 - 1.414^2$ (4) $3.14 - \sqrt{10.00}$

2. 公式 13.3 を用いて真の値を推定せよ．

(1) 鉄板の厚みを 50 回測定すると，平均が 1.413 mm, 標準偏差が

0.0154 mm であった．厚みの真の値を信頼度 90 % で求めよ．

(2) ある反応の時間を 80 回測定すると，平均が 3.27 分，標準偏差が 0.814 分であった．時間の真の値を信頼度 95 % で求めよ．

(3) ある星までの距離を 150 回測定すると，平均が 10.54 光年，標準偏差が 0.854 光年であった．距離の真の値を信頼度 99 % で求めよ．

3. 公式 13.4 を用いて平均 $\bar{u}$ と標準偏差 $s(u)$ を求めよ．

(1) $u = xyz$ (2) $u = \dfrac{x}{y}$ (3) $u = \sqrt{xy}$

4. 問題 3 と公式 13.3, 13.4 を用いて真の値を推定せよ．

(1) 直方体の 3 辺の長さ x, y, z を 100 回測定すると，平均 $\bar{x}$ が 1.52 m，$\bar{y}$ が 2.75 m，$\bar{z}$ が 3.41 m，標準偏差 $s(x)$ が 0.0214 m，$s(y)$ が 0.0415 m，$s(z)$ が 0.0595 m であった．体積 xyz の標準偏差と真の値を信頼度 90 % で求めよ．

(2) ある物体の重さ x と体積 y を 200 回測定すると，平均 $\bar{x}$ が 5.25 g，$\bar{y}$ が 11.7 cm^3，標準偏差 $s(x)$ が 0.0531 g，$s(y)$ が 0.0862 cm^3 であった．密度 $\dfrac{x}{y}$ の標準偏差と真の値を信頼度 95 % で求めよ．

(3) 長方形の 2 辺の長さ x, y を 300 回測定すると，平均 $\bar{x}$ が 2.51 m，$\bar{y}$ が 3.26 m，標準偏差 $s(x)$ が 0.437 m，$s(y)$ が 0.273 m であった．相乗平均 $\sqrt{xy}$ の標準偏差と真の値を信頼度 99 % で求めよ．

解答

問 13.1　(1) 3.5　(2) 22　(3) 5.5　(4) 6.227
問 13.2　(1) 11.56±0.11　(2) 45.75±0.26
問 13.3　(1) $\bar{u} = \bar{x}^3,\ s(u) = |\bar{x}^3|\sqrt{9\dfrac{s^2(x)}{\bar{x}^2}} = 3|\bar{x}^2|s(x)$

(2) $\bar{u} = \bar{x}\bar{y},\ s(u) = |\bar{x}\bar{y}|\sqrt{\dfrac{s^2(x)}{\bar{x}^2} + \dfrac{s^2(y)}{\bar{y}^2}}$

問 13.4　(1) 0.943, 3.51±0.20　(2) 1.38, 28.6±0.3

練習問題 13

1. (1) 0.53　(2) −27.1　(3) 0.001　(4) −0.02
2. (1) 1.413±0.004　(2) 3.27±0.18　(3) 10.54±0.18
3. (1) $\bar{u} = \bar{x}\bar{y}\bar{z},\ s(u) = |\bar{x}\bar{y}\bar{z}|\sqrt{\dfrac{s^2(x)}{\bar{x}^2} + \dfrac{s^2(y)}{\bar{y}^2} + \dfrac{s^2(z)}{\bar{z}^2}}$

(2) $\bar{u} = \dfrac{\bar{x}}{\bar{y}},\ s(u) = \left|\dfrac{\bar{x}}{\bar{y}}\right|\sqrt{\dfrac{s^2(x)}{\bar{x}^2} + \dfrac{s^2(y)}{\bar{y}^2}}$

(3) $\bar{u} = \sqrt{\bar{x}\bar{y}},\ s(u) = \sqrt{\bar{x}\bar{y}}\sqrt{\dfrac{s^2(x)}{4\bar{x}^2} + \dfrac{s^2(y)}{4\bar{y}^2}}$

4. (1) 0.385, 14.3±0.1　(2) 0.00561, 0.449±0.001
 (3) 0.276, 2.86±0.04

乱数表

46 86 80 97 78	65 12 64 64 70	58 41 05 49 08	68 68 88 54 00
90 72 92 93 10	09 12 81 93 63	69 30 02 04 26	92 36 48 69 45
66 21 41 77 60	99 35 72 61 22	52 40 74 67 29	97 50 71 39 79
37 05 46 52 76	89 96 34 22 37	27 11 57 04 19	57 93 08 35 69
46 90 61 03 06	89 85 33 22 80	34 89 12 29 37	44 71 38 40 37
11 88 53 06 09	81 83 33 98 29	91 27 59 43 09	70 72 51 49 73
11 05 92 06 97	68 82 34 08 83	25 40 58 40 64	56 42 78 54 06
33 94 24 20 28	62 42 07 12 63	34 39 02 92 31	80 61 68 44 19
24 89 74 75 61	61 02 73 36 85	67 28 50 49 85	37 79 95 02 66
15 19 74 67 23	61 38 93 73 68	76 23 15 58 20	35 36 82 82 59
05 64 12 70 88	80 58 35 06 88	73 48 27 39 43	43 40 13 35 45
57 49 36 44 06	74 93 55 39 26	27 70 98 76 68	78 36 26 24 06
77 82 96 96 97	60 42 17 18 48	16 34 92 19 52	98 84 48 42 92
24 10 70 06 51	59 62 37 95 42	53 67 14 95 29	84 65 43 07 30
50 00 07 78 23	49 54 36 85 14	18 50 54 18 82	23 79 80 71 37
25 19 64 82 84	62 74 29 92 24	61 03 91 22 48	64 94 63 15 07
23 02 41 46 04	44 31 52 43 07	44 06 03 09 34	19 83 94 62 94
55 85 66 96 28	28 30 62 58 83	65 68 62 42 45	13 08 60 46 28
68 45 19 69 59	35 14 82 56 80	22 06 52 26 39	59 78 98 76 14
69 31 46 29 85	18 88 26 95 54	01 02 14 03 05	48 00 26 43 85
37 31 61 28 98	94 61 47 03 10	67 80 84 41 26	88 84 59 69 14
66 42 19 24 94	13 13 38 69 96	76 69 76 24 13	43 83 10 13 24
33 65 78 12 35	91 59 11 38 44	23 31 48 75 74	05 30 08 46 32
76 32 06 19 35	22 95 30 19 29	57 74 43 20 90	20 25 36 70 69
43 33 42 02 59	20 39 84 95 61	58 22 04 92 99	99 78 78 83 82
28 31 93 43 94	87 73 19 38 47	54 36 90 98 10	83 43 32 26 26
97 19 21 63 34	69 33 17 03 02	11 15 50 46 08	42 69 60 17 42
82 80 37 14 20	56 39 59 89 63	33 90 38 44 50	78 22 87 10 88
03 68 03 13 60	64 13 09 37 11	86 02 57 41 99	31 66 60 65 64
65 16 58 11 01	98 78 80 63 23	07 37 66 20 56	20 96 06 79 80
24 65 58 57 04	18 62 85 28 24	26 45 17 82 76	39 65 01 73 91
02 72 64 07 75	85 66 48 38 73	75 10 96 59 31	48 78 58 08 88
79 16 78 63 99	43 61 00 66 42	76 26 71 14 33	33 86 76 71 66
04 75 14 93 39	68 52 16 83 34	64 09 44 62 58	48 32 72 26 95
40 64 64 57 60	97 00 12 91 33	22 14 73 01 11	83 97 68 95 65
06 27 07 34 26	01 52 48 69 57	19 17 53 55 96	02 41 03 89 33
62 40 03 87 10	96 88 22 46 94	35 56 60 94 20	60 73 04 84 98
00 98 48 18 97	91 51 63 27 95	74 25 84 03 07	88 29 04 79 84
50 64 19 18 91	98 55 83 46 09	49 66 41 12 45	41 49 36 83 43
38 54 52 25 78	01 98 00 89 85	86 12 22 89 25	10 10 71 19 45

正規分布表（1）

数値 c から確率 $P(c \leq z) = I(c)$ を求める表

c	$I(c)$	c	$I(c)$	c	$I(c)$	c	$I(c)$	c	$I(c)$	c	$I(c)$
−3.00	0.9987	−2.50	0.9938	−2.00	0.9772	−1.50	0.9332	−1.00	0.8413	−0.50	0.6915
−2.99	0.9986	−2.49	0.9936	−1.99	0.9767	−1.49	0.9319	−0.99	0.8389	−0.49	0.6879
−2.98	0.9986	−2.48	0.9934	−1.98	0.9761	−1.48	0.9306	−0.98	0.8365	−0.48	0.6844
−2.97	0.9985	−2.47	0.9932	−1.97	0.9756	−1.47	0.9292	−0.97	0.8340	−0.47	0.6808
−2.96	0.9985	−2.46	0.9931	−1.96	0.9750	−1.46	0.9279	−0.96	0.8315	−0.46	0.6772
−2.95	0.9984	−2.45	0.9929	−1.95	0.9744	−1.45	0.9265	−0.95	0.8289	−0.45	0.6736
−2.94	0.9984	−2.44	0.9927	−1.94	0.9738	−1.44	0.9251	−0.94	0.8264	−0.44	0.6700
−2.93	0.9983	−2.43	0.9925	−1.93	0.9732	−1.43	0.9236	−0.93	0.8238	−0.43	0.6664
−2.92	0.9982	−2.42	0.9922	−1.92	0.9726	−1.42	0.9222	−0.92	0.8212	−0.42	0.6628
−2.91	0.9982	−2.41	0.9920	−1.91	0.9719	−1.41	0.9207	−0.91	0.8186	−0.41	0.6591
−2.90	0.9981	−2.40	0.9918	−1.90	0.9713	−1.40	0.9192	−0.90	0.8159	−0.40	0.6554
−2.89	0.9981	−2.39	0.9916	−1.89	0.9706	−1.39	0.9177	−0.89	0.8133	−0.39	0.6517
−2.88	0.9980	−2.38	0.9913	−1.88	0.9699	−1.38	0.9162	−0.88	0.8106	−0.38	0.6480
−2.87	0.9979	−2.37	0.9911	−1.87	0.9693	−1.37	0.9147	−0.87	0.8078	−0.37	0.6443
−2.86	0.9979	−2.36	0.9909	−1.86	0.9686	−1.36	0.9131	−0.86	0.8051	−0.36	0.6406
−2.85	0.9978	−2.35	0.9906	−1.85	0.9678	−1.35	0.9115	−0.85	0.8023	−0.35	0.6368
−2.84	0.9977	−2.34	0.9904	−1.84	0.9671	−1.34	0.9099	−0.84	0.7995	−0.34	0.6331
−2.83	0.9977	−2.33	0.9901	−1.83	0.9664	−1.33	0.9082	−0.83	0.7967	−0.33	0.6293
−2.82	0.9976	−2.32	0.9898	−1.82	0.9656	−1.32	0.9066	−0.82	0.7939	−0.32	0.6255
−2.81	0.9975	−2.31	0.9896	−1.81	0.9649	−1.31	0.9049	−0.81	0.7910	−0.31	0.6217
−2.80	0.9974	−2.30	0.9893	−1.80	0.9641	−1.30	0.9032	−0.80	0.7881	−0.30	0.6179
−2.79	0.9974	−2.29	0.9890	−1.79	0.9633	−1.29	0.9015	−0.79	0.7852	−0.29	0.6141
−2.78	0.9973	−2.28	0.9887	−1.78	0.9625	−1.28	0.8997	−0.78	0.7823	−0.28	0.6103
−2.77	0.9972	−2.27	0.9884	−1.77	0.9616	−1.27	0.8980	−0.77	0.7794	−0.27	0.6064
−2.76	0.9971	−2.26	0.9881	−1.76	0.9608	−1.26	0.8962	−0.76	0.7764	−0.26	0.6026
−2.75	0.9970	−2.25	0.9878	−1.75	0.9599	−1.25	0.8944	−0.75	0.7734	−0.25	0.5987
−2.74	0.9969	−2.24	0.9875	−1.74	0.9591	−1.24	0.8925	−0.74	0.7704	−0.24	0.5948
−2.73	0.9968	−2.23	0.9871	−1.73	0.9582	−1.23	0.8907	−0.73	0.7673	−0.23	0.5910
−2.72	0.9967	−2.22	0.9868	−1.72	0.9573	−1.22	0.8888	−0.72	0.7642	−0.22	0.5871
−2.71	0.9966	−2.21	0.9864	−1.71	0.9564	−1.21	0.8869	−0.71	0.7611	−0.21	0.5832
−2.70	0.9965	−2.20	0.9861	−1.70	0.9554	−1.20	0.8849	−0.70	0.7580	−0.20	0.5793
−2.69	0.9964	−2.19	0.9857	−1.69	0.9545	−1.19	0.8830	−0.69	0.7549	−0.19	0.5753
−2.68	0.9963	−2.18	0.9854	−1.68	0.9535	−1.18	0.8810	−0.68	0.7517	−0.18	0.5714
−2.67	0.9962	−2.17	0.9850	−1.67	0.9525	−1.17	0.8790	−0.67	0.7486	−0.17	0.5675
−2.66	0.9961	−2.16	0.9846	−1.66	0.9515	−1.16	0.8770	−0.66	0.7454	−0.16	0.5636
−2.65	0.9960	−2.15	0.9842	−1.65	0.9505	−1.15	0.8749	−0.65	0.7422	−0.15	0.5596
−2.64	0.9959	−2.14	0.9838	−1.64	0.9495	−1.14	0.8729	−0.64	0.7389	−0.14	0.5557
−2.63	0.9957	−2.13	0.9834	−1.63	0.9484	−1.13	0.8708	−0.63	0.7357	−0.13	0.5517
−2.62	0.9956	−2.12	0.9830	−1.62	0.9474	−1.12	0.8686	−0.62	0.7324	−0.12	0.5478
−2.61	0.9955	−2.11	0.9826	−1.61	0.9463	−1.11	0.8665	−0.61	0.7291	−0.11	0.5438
−2.60	0.9953	−2.10	0.9821	−1.60	0.9452	−1.10	0.8643	−0.60	0.7257	−0.10	0.5398
−2.59	0.9952	−2.09	0.9817	−1.59	0.9441	−1.09	0.8621	−0.59	0.7224	−0.09	0.5359
−2.58	0.9951	−2.08	0.9812	−1.58	0.9429	−1.08	0.8599	−0.58	0.7190	−0.08	0.5319
−2.57	0.9949	−2.07	0.9808	−1.57	0.9418	−1.07	0.8577	−0.57	0.7157	−0.07	0.5279
−2.56	0.9948	−2.06	0.9803	−1.56	0.9406	−1.06	0.8554	−0.56	0.7123	−0.06	0.5239
−2.55	0.9946	−2.05	0.9798	−1.55	0.9394	−1.05	0.8531	−0.55	0.7088	−0.05	0.5199
−2.54	0.9945	−2.04	0.9793	−1.54	0.9382	−1.04	0.8508	−0.54	0.7054	−0.04	0.5160
−2.53	0.9943	−2.03	0.9788	−1.53	0.9370	−1.03	0.8485	−0.53	0.7019	−0.03	0.5120
−2.52	0.9941	−2.02	0.9783	−1.52	0.9357	−1.02	0.8461	−0.52	0.6985	−0.02	0.5080
−2.51	0.9940	−2.01	0.9778	−1.51	0.9345	−1.01	0.8438	−0.51	0.6950	−0.01	0.5040
−2.50	0.9938	−2.00	0.9772	−1.50	0.9332	−1.00	0.8413	−0.50	0.6915	0.00	0.5000

正規分布表（2）

数値 c から確率 $P(c \leq z) = I(c)$ を求める表

c	$I(c)$	c	$I(c)$	c	$I(c)$	c	$I(c)$	c	$I(c)$	c	$I(c)$
0.00	0.5000	0.50	0.3085	1.00	0.1587	1.50	0.0668	2.00	0.0228	2.50	0.0062
0.01	0.4960	0.51	0.3050	1.01	0.1562	1.51	0.0655	2.01	0.0222	2.51	0.0060
0.02	0.4920	0.52	0.3015	1.02	0.1539	1.52	0.0643	2.02	0.0217	2.52	0.0059
0.03	0.4880	0.53	0.2981	1.03	0.1515	1.53	0.0630	2.03	0.0212	2.53	0.0057
0.04	0.4840	0.54	0.2946	1.04	0.1492	1.54	0.0618	2.04	0.0207	2.54	0.0055
0.05	0.4801	0.55	0.2912	1.05	0.1469	1.55	0.0606	2.05	0.0202	2.55	0.0054
0.06	0.4761	0.56	0.2877	1.06	0.1446	1.56	0.0594	2.06	0.0197	2.56	0.0052
0.07	0.4721	0.57	0.2843	1.07	0.1423	1.57	0.0582	2.07	0.0192	2.57	0.0051
0.08	0.4681	0.58	0.2810	1.08	0.1401	1.58	0.0571	2.08	0.0188	2.58	0.0049
0.09	0.4641	0.59	0.2776	1.09	0.1379	1.59	0.0559	2.09	0.0183	2.59	0.0048
0.10	0.4602	0.60	0.2743	1.10	0.1357	1.60	0.0548	2.10	0.0179	2.60	0.0047
0.11	0.4562	0.61	0.2709	1.11	0.1335	1.61	0.0537	2.11	0.0174	2.61	0.0045
0.12	0.4522	0.62	0.2676	1.12	0.1314	1.62	0.0526	2.12	0.0170	2.62	0.0044
0.13	0.4483	0.63	0.2643	1.13	0.1292	1.63	0.0516	2.13	0.0166	2.63	0.0043
0.14	0.4443	0.64	0.2611	1.14	0.1271	1.64	0.0505	2.14	0.0162	2.64	0.0041
0.15	0.4404	0.65	0.2578	1.15	0.1251	1.65	0.0495	2.15	0.0158	2.65	0.0040
0.16	0.4364	0.66	0.2546	1.16	0.1230	1.66	0.0485	2.16	0.0154	2.66	0.0039
0.17	0.4325	0.67	0.2514	1.17	0.1210	1.67	0.0475	2.17	0.0150	2.67	0.0038
0.18	0.4286	0.68	0.2483	1.18	0.1190	1.68	0.0465	2.18	0.0146	2.68	0.0037
0.19	0.4247	0.69	0.2451	1.19	0.1170	1.69	0.0455	2.19	0.0143	2.69	0.0036
0.20	0.4207	0.70	0.2420	1.20	0.1151	1.70	0.0446	2.20	0.0139	2.70	0.0035
0.21	0.4168	0.71	0.2389	1.21	0.1131	1.71	0.0436	2.21	0.0136	2.71	0.0034
0.22	0.4129	0.72	0.2358	1.22	0.1112	1.72	0.0427	2.22	0.0132	2.72	0.0033
0.23	0.4090	0.73	0.2327	1.23	0.1093	1.73	0.0418	2.23	0.0129	2.73	0.0032
0.24	0.4052	0.74	0.2296	1.24	0.1075	1.74	0.0409	2.24	0.0125	2.74	0.0031
0.25	0.4013	0.75	0.2266	1.25	0.1056	1.75	0.0401	2.25	0.0122	2.75	0.0030
0.26	0.3974	0.76	0.2236	1.26	0.1038	1.76	0.0392	2.26	0.0119	2.76	0.0029
0.27	0.3936	0.77	0.2206	1.27	0.1020	1.77	0.0384	2.27	0.0116	2.77	0.0028
0.28	0.3897	0.78	0.2177	1.28	0.1003	1.78	0.0375	2.28	0.0113	2.78	0.0027
0.29	0.3859	0.79	0.2148	1.29	0.0985	1.79	0.0367	2.29	0.0110	2.79	0.0026
0.30	0.3821	0.80	0.2119	1.30	0.0968	1.80	0.0359	2.30	0.0107	2.80	0.0026
0.31	0.3783	0.81	0.2090	1.31	0.0951	1.81	0.0351	2.31	0.0104	2.81	0.0025
0.32	0.3745	0.82	0.2061	1.32	0.0934	1.82	0.0344	2.32	0.0102	2.82	0.0024
0.33	0.3707	0.83	0.2033	1.33	0.0918	1.83	0.0336	2.33	0.0099	2.83	0.0023
0.34	0.3669	0.84	0.2005	1.34	0.0901	1.84	0.0329	2.34	0.0096	2.84	0.0023
0.35	0.3632	0.85	0.1977	1.35	0.0885	1.85	0.0322	2.35	0.0094	2.85	0.0022
0.36	0.3594	0.86	0.1949	1.36	0.0869	1.86	0.0314	2.36	0.0091	2.86	0.0021
0.37	0.3557	0.87	0.1922	1.37	0.0853	1.87	0.0307	2.37	0.0089	2.87	0.0021
0.38	0.3520	0.88	0.1894	1.38	0.0838	1.88	0.0301	2.38	0.0087	2.88	0.0020
0.39	0.3483	0.89	0.1867	1.39	0.0823	1.89	0.0294	2.39	0.0084	2.89	0.0019
0.40	0.3446	0.90	0.1841	1.40	0.0808	1.90	0.0287	2.40	0.0082	2.90	0.0019
0.41	0.3409	0.91	0.1814	1.41	0.0793	1.91	0.0281	2.41	0.0080	2.91	0.0018
0.42	0.3372	0.92	0.1788	1.42	0.0778	1.92	0.0274	2.42	0.0078	2.92	0.0018
0.43	0.3336	0.93	0.1762	1.43	0.0764	1.93	0.0268	2.43	0.0075	2.93	0.0017
0.44	0.3300	0.94	0.1736	1.44	0.0749	1.94	0.0262	2.44	0.0073	2.94	0.0016
0.45	0.3264	0.95	0.1711	1.45	0.0735	1.95	0.0256	2.45	0.0071	2.95	0.0016
0.46	0.3228	0.96	0.1685	1.46	0.0721	1.96	0.0250	2.46	0.0069	2.96	0.0015
0.47	0.3192	0.97	0.1660	1.47	0.0708	1.97	0.0244	2.47	0.0068	2.97	0.0015
0.48	0.3156	0.98	0.1635	1.48	0.0694	1.98	0.0239	2.48	0.0066	2.98	0.0014
0.49	0.3121	0.99	0.1611	1.49	0.0681	1.99	0.0233	2.49	0.0064	2.99	0.0014
0.50	0.3085	1.00	0.1587	1.50	0.0668	2.00	0.0228	2.50	0.0062	3.00	0.0013

索　引

あ行

一様分布	5
F 分布	78
L 型分布	5
円順列	26
同じものを含む順列	24
折れ線グラフ	2

か行

回帰係数	19
回帰直線	1, **19**, 20
階級	2
階級値	10
階級の幅	**2**, 61
階乗	23
χ^2（カイ2乗）分布	73, 78
確率	35, 36
確率分布	48
確率分布関数	48
確率分布表	48
確率変数	48, 49, 50, 51, 52, 81
確率密度	61
確率密度関数	61
確率密度曲線	61
仮説	74
片側検定	76
棄却域	**74**, 77, 75
期待値	49, 50, 51, 58
帰無仮説	75
共分散	17
切り上げ	79
切り捨て	79
近似値	79, 80, 81, 82
区間	2
区間推定	71
組合せ	29, 30, 54
検定	**1**, 74
検定仮説	74
誤差	79, 81

さ行

最小2乗法	19
採択域	74
最頻値	10
散布図	16
散布度	11
J 型分布	5
試行	36
四捨五入	79
事象	36, 37
次数	55
重回帰	21
従属	44
重複組合せ	30
重複順列	25
順列	23, 24, 25, 26, 29, 30
条件つき確率	44
真の値	79, 81
信頼区間	71, 72, 73, 81
信頼係数	71
信頼度	71
推定	1, **71**, 81
正規分布	6, 63, **65**, 70, 72, 78, 81
正規分布表	63, 86, 87
正規方程式	19
正の相関	17
積事象	41
積の法則	43, 45
全数調査	68
相関	17
相関係数	1, **17**, 20
相関図	1, **16**, 18, 19
相対度数	**3**, 58
相対度数折れ線	3
相対度数分布表	3, 48

た行

第1種の誤り	75
大数の法則	58
第2種の誤り	75
代表値	9
対立仮説	74
単回帰	19
中位数	11
中央値	11
抽出	68
柱状グラフ	1, **2**, 3, 48
中心極限定理	70
t 分布	73, 77, 82
適合度	78
点推定	71
統計	1
統計的推測	68
独立	**43**, 54
独立性	78
独立な試行	54
度数	2
度数折れ線	1, 2
度数分布	2
度数分布表	1, 2
ド・モルガンの法則	42

な行

並数	10
2項係数	31, 32, 33
2項定理	**33**, 55
2項展開	**31**, 55
2項分布	5, **55**, 78

は行

排反	41
パスカルの三角形	31, 32
範囲	11
ヒストグラム	2
左側検定	75
非復元抽出	45, 68
標準正規分布	63
標準偏差	1, **13**, 17, 50
標本	68
標本数	68, 73
標本調査	68
標本標準偏差	68, 82
標本分散	68, 72, 82
標本平均	68, 69, 70, 82
比率	72, 78
復元抽出	**45**, 68

ま行

負の相関	17
分散	1, **12**, 13, 14, 50, 52, 58
平均	1, **9**, 12, 13, 17, 49
母集団	68
母集団数	68
母集団での比率	**72**, 78
母集団での比率の差	78
母標準偏差	68
母分散	68, 69, 73, 78
母分散の比	78
母平均	68, 69, 72, 73, 77, 78
母平均の差	78

ま行

右側検定	75
密度関数	61
無作為抽出	68
メジアン	11
モード	10

や行

山型分布	4, 57, 63, 65
有意水準	74
有意である	74
有意でない	74
有効桁数	79
有効数字	79
余事象	42

ら行

乱数表	68, 85
離散確率変数	61
離散分布	6
両側検定	75
レンジ	11
連続確率変数	61
連続分布	5, **61**

わ行

和事象	41
和の法則	41

記　号　索　引

平均と分散	
$\bar{x}$	**9**, 68
$s,\ s(x)$	**13**, 68
$s^2,\ s^2(x)$	**12**, 68
$\hat{s}^2$	**72**, 82
$s(x,y)$	17
r	17
μ	**65**, 68
σ	**65**, 68
σ^2	**65**, 68

順列と組合せ	
$n!$	**23**, 26, 29, 31
${}_n\mathrm{P}_r$	**23**, 26, 29
${}_n\Pi_r$	25
${}_n\mathrm{C}_r$	**29**, 31, 32, 33, 54
${}_n\mathrm{H}_r$	30, **31**
$\binom{n}{r}$	**29**, 32

事象と確率	
A	41
$\bar{A}$	42
$A \cup B$	41
$A \cap B$	41
$\emptyset$	42
S	42
$P(A)$	41
$P(B\mid A)$	44

確率変数	
$P(a)$	48
$P(x)$	48
$P(a \leq x \leq b)$	62
$E(x)$	49
$V(x)$	50
$D(x)$	50
$E(\bar{x})$	69
$V(\bar{x})$	69

分　布	
$B(n,p)$	55
$N(0,1)$	63
$N(\mu,\sigma^2)$	65

その他	
H_0, H_1	74
$I(c)$	63
α	**72**, 75
Δx	79
$\sum x$	19
∞	63

佐野 公朗
    1958 年 1 月   東京都に生まれる
    1981 年   早稲田大学理工学部数学科卒業
    現   在   八戸工業大学名誉教授
             博士（理学）

計算力が身に付く 統計基礎

2005 年 9 月 20 日   第 1 版   第 1 刷   発行
2021 年 2 月 20 日   第 1 版   第 10 刷   発行

    著   者   佐野 公朗（さの きみろう）
    発 行 者   発田 和子
    発 行 所   株式会社 学術図書出版社
    〒113-0033 東京都文京区本郷 5-4-6
    TEL 03-3811-0889 振替 00110-4-28454
    印刷 中央印刷（株）

本書の一部または全部を無断で複写（コピー）・複製・転載することは，著作権法で認められた場合を除き，著作者および出版社の権利の侵害となります．あらかじめ小社に許諾を求めてください．

© 2005   K. SANO Printed in Japan

ISBN 987-4-87361-291-1

正規分布 (p. 63, 65)

z が $N(0,1)$ ならば

$P(a \leqq z \leqq b) = I(a) - I(b)$

$P(z \leqq c) = I(c)$, $I(-\infty) = 1$, $I(\infty) = 0$

$I(c)$ は正規分布表 (p. 86, 87) より求める．

x が $N(\mu, \sigma^2)$ ならば $z = \dfrac{x-\mu}{\sigma}$ は $N(0,1)$ になり，

$P(a \leqq x \leqq b) = P\left(\dfrac{a-\mu}{\sigma} \leqq z \leqq \dfrac{b-\mu}{\sigma}\right) = I\left(\dfrac{a-\mu}{\sigma}\right) - I\left(\dfrac{b-\mu}{\sigma}\right)$

母集団と標本 (p. 69, 70)

母平均が μ，母分散が σ^2 のとき n 個の標本を取り出す．標本平均 $\bar{x}$ について

$E(\bar{x}) = \mu$

$V(\bar{x}) = \dfrac{\sigma^2}{n}$

$n \geqq 30$ ならば $\bar{x}$ はほぼ $N\left(\mu, \dfrac{\sigma^2}{n}\right)$ とみなせる．

母平均（真の値）の推定 (p. 72, 81)

標本数（測定回数）が $n\,(\geqq 30)$，標本平均が $\bar{x}$，標本分散が s^2 とする．信頼度 α に対して表より数値 c を決める．母平均（真の値）μ の信頼区間は

$\bar{x} - c \times \dfrac{s}{\sqrt{n}} \leqq \mu \leqq \bar{x} + c \times \dfrac{s}{\sqrt{n}}$

信頼度	c
0.90	1.64
0.95	1.96
0.99	2.58

母平均の検定 (p. 77)

標本数が $n\,(\geqq 30)$，標本平均が $\bar{x}$，母分散が σ^2（または標本分散が s^2）とする．

母平均 μ の

検定仮説 $H_0: \mu = \mu_0$，対立仮説 $H_1: \begin{cases} \mu > \mu_0,\ 右側検定 \\ \mu < \mu_0,\ 左側検定 \\ \mu \neq \mu_0,\ 両側検定 \end{cases}$

を有意水準 α で検定する．

$z = \dfrac{\bar{x} - \mu_0}{\dfrac{\sigma}{\sqrt{n}}}$

とおくと，棄却域は

有意水準	右側検定	左側検定	両側検定
0.01	$2.33 \leqq z$	$z \leqq -2.33$	$z \leqq -2.58,\ 2.58 \leqq z$
0.05	$1.64 \leqq z$	$z \leqq -1.64$	$z \leqq -1.96,\ 1.96 \leqq z$